WULI ZHI QU

主　编：罗世洪

副主编：夏煜明

编　委：彭小玲　陈彦希　周　欢

王亮雁　谭玉梅　季　萍

西南大学出版社

国家一级出版社　全国百佳图书出版单位

**图书在版编目（CIP）数据**

物理之趣 / 罗世洪主编. — 重庆：西南大学出版
社, 2023.10
  ISBN 978-7-5697-1846-1

  Ⅰ.①物… Ⅱ.①罗… Ⅲ.①物理学 – 青少年读物
Ⅳ.①O4-49

  中国国家版本馆 CIP 数据核字（2023）第 160235 号

# 物理之趣
## WULI ZHI QU

主编 罗世洪

责任编辑：高　勇　陈　郁
责任校对：秦　路
装帧设计：李　懋
排　　版：黄金红
出版发行：西南大学出版社（原西南师范大学出版社）
　　　　　地址：重庆·北碚
　　　　　邮编：400715
印　　刷：重庆新荟雅科技有限公司
幅面尺寸：185 mm×260 mm
印　　张：7.75
字　　数：150千字
版　　次：2023年10月　　第1版
印　　次：2023年10月　　第1次印刷
书　　号：ISBN 978-7-5697-1846-1

定　　价：38.00元

# 项目一 "探"手机照相

◆问题◆

在数码相机、手机普及的今天,摄影几乎走进了我们每个人的生活中。科技发展日新月异,具有更多功能、与人类视觉更加接近甚至超越视觉极限的器材不断推陈出新,在享受科技带来的便利的同时,我们一起回顾相机自诞生以来所走过的坎坷道路。相机经历了怎样的革新?其原理是什么?下面我们就来简单了解一下。

1825年,法国人尼埃普斯制作了照片《牵马的孩子》,该照片记录了一个孩子牵着一匹马过河时的情景,如图1-1。

图1-1 牵马的孩子

## 【任务一】相机的简介

### 一、相机的构造

最早的照相机结构十分简单,仅包括暗箱、镜头和感光材料。现代照相机比较复杂,具有镜头、光圈、快门、测距、取景、测光、输片、计数、自拍等系统,是一种结合光学、精密机械、电子、化学等技术的复杂产品。

## 二、几种相机介绍

按照传统意义上的划分,现代照相机可分为胶片相机(图1-2)与数码相机(图1-3)。

图1-2 胶片相机

图1-3 数码相机

### 1.胶片相机

胶片相机即传统相机,摄影者要先购买胶卷,拍摄后的胶卷要经过冲洗才能得到照片,在拍摄过程中无法知道拍摄效果的好坏,而且不能对拍摄照片进行删除。

### 2.数码相机

数码相机与传统相机的不同之处是可以直接预览照片,如果照片不满意可以删除重拍。常用的有卡片数码相机、单反数码相机等。

(1)卡片数码相机

卡片数码相机拥有小巧的外形、相对较轻的机身、大屏幕液晶屏以及超薄时尚的设计,卡片数码相机的镜头不可更换,功能不太强大,但可以满足日常拍摄需要。

(2)单反数码相机

单反数码相机是单镜头反光数码相机的简称(图1-4),它作为专业级的数码相机,用其拍摄出来的照片,无论是在清晰度上还是在照片质量上都是一般相机不可比拟的。它的机身可以拥有庞大的自动对焦镜头群,从超广角到超长焦,从微距到柔焦,用户可以根据自己的需求选择配套镜头。许多摄影爱好者,一般都有一两只,甚至多达十几只的各种专业镜头。简单地说,单反数码相机并不适合所有用户。首先,使用单反数码相机需

图1-4 单反数码相机

具有必要的专业知识。其次,要用好单反数码相机必须搭配不同型号的镜头,这很可能使购买镜头的费用高于购买数码相机的费用。

## 三、相机原理

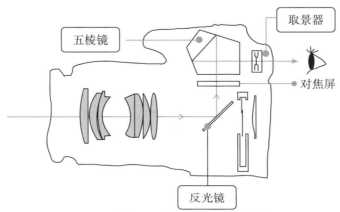

图1-5 相机工作简易原理图

在相机的工作原理中(如图1-5所示),光线透过镜头到达反光镜,再折射到上面的对焦屏并结成影像,再透过五棱镜,摄影者就能通过取景器观察到景物影像,而且是上下左右都与景物相同的影像,因此取景、调焦都十分方便。在摄影时,反光镜会立刻弹起来,镜头光圈自动收缩到预定的数值,快门开启使胶片感光;曝光结束后快门关闭,反光镜和镜头光圈同时复位,经过一系列处理后,最终形成图像。

## 四、相机镜头

相机镜头是相机的眼睛,摄影作品的成像质量很大部分取决于镜头。相机镜头的分类方法很多,通常按镜头的焦距或视场角分为标准镜头、短焦(广角)镜头、长焦(望远)镜头三类。相机出售时,大都配置有标准镜头,而其他功能型附加镜头则是对相机原有的标准镜头进行功能增强和扩展,如鱼眼镜头、增倍镜头、变焦镜头、柔焦镜头、防抖镜头等。

### 1.广角镜头

广角镜头视角大,视野宽阔。从某一视点观察到的景物范围要比人眼在同一视点所看到的大得多;景深长,可以表现出相当大的清晰范围;能强调画面的透视效果,善于夸张前景和表现景物的远近感,有利于增强画面的感染力,比较适合拍摄大型的建筑物和风景等。

### 2.长焦镜头

长焦镜头有拉近和放大景物、压缩主体和陪体之间的距离以及虚化背景等特点,一般用来拍摄较远的景物。

### 3.微距镜头

微距镜头是一种可以在极近的距离内依然保持正确对焦和高清晰成像的特殊镜头,专业性相对更强,但是也能迅速调整为普通拍摄状态。适合喜好拍细节的人群,对于拍摄细小物体颇具价值,比如拍摄昆虫、鲜花等。

#### 想一想

相机镜头与凸透镜的功能是否一致?

## 【任务二】探究凸透镜成像规律

相机镜头的整体功能相当于凸透镜的作用。凸透镜是一种常见的透镜,中间厚、边缘薄,至少有一个表面成球面,亦可两面都成球面。凸透镜对光线起会聚作用,平行于主光轴的光线射入凸透镜,光在透镜的两面经过两次折射后,集中在轴上的一点。凸透镜的焦距是指焦点到透镜中心的距离,通常用$f$表示。凸透镜球面半径越小,焦距越短。凸透镜可用于制作放大镜,老花眼和远视的人戴的眼镜,照相机、摄影机、电影放映机、幻灯机、显微镜、望远镜的透镜等。物距:物体到凸透镜光心的距离称物距,用$u$表示。像距:物体经凸透镜所成的像到凸透镜光心的距离称像距,用$v$表示。

## 一、实验目的

1.通过观察和实验,加深对实像和虚像的认识。

2.观察凸透镜成像的有关现象和收集实验数据,并从中归纳凸透镜成像的规律,掌握科学探究的方法。

## 二、实验原理

光通过凸透镜折射,$u$、$v$、$f$的关系$\frac{1}{u}+\frac{1}{v}=\frac{1}{f}$。

### 三、实验器材

凸透镜、蜡烛、打火机、光屏、光具座。

### 四、实验步骤

1.在光具座上依次放好蜡烛、凸透镜、光屏,把凸透镜放在光具座标尺中央。

2.点燃蜡烛,调节烛焰、凸透镜、光屏的位置,使它们的中心在同一水平高度。把蜡烛放在离凸透镜尽量远的位置上。调整光屏到透镜的距离,使烛焰在光屏上成一个清晰的像。

3.观察像的大小、正倒,测出蜡烛与凸透镜、凸透镜与光屏的距离,把数据记录在表1-1中。

4.继续把蜡烛向凸透镜靠近,观察像是放大还是缩小、是正立还是倒立、是虚像还是实像,测出蜡烛与凸透镜、凸透镜与光屏的距离,将数据记录在表1-1中。

5.当蜡烛移动到一定位置时,光屏上的像消失,用眼睛直接对着凸透镜观察蜡烛的像,把蜡烛与凸透镜的距离、像与凸透镜的距离、像是放大还是缩小、像的正倒填入表1-1中。

### 五、数据记录

表1-1 数据记录表1

| 序号 | 物距与焦距的关系 | 物距u/cm | 像的性质 | | | 像距v/cm | 像距与焦距的关系 |
| --- | --- | --- | --- | --- | --- | --- | --- |
| | | | 正倒 | 大小 | 虚实 | | |
| 1 | | | | | | | |
| 2 | | | | | | | |
| 3 | | | | | | | |
| 4 | | | | | | | |
| 5 | | | | | | | |

## 六、实验结论

表1-2 数据记录表2

| 物距与焦距的关系 | 像的正倒 | 像的大小 | 像的虚实 | 像距与焦距的关系 | 应用实例 |
|---|---|---|---|---|---|
| $u > 2f$ | 倒立 | 缩小 | 实像 | $2f < v < f$ | 照相机 |
| $u = 2f$ | 倒立 | 等大 | 实像 | $v = 2f$ | 无 |
| $2f > u > f$ | 倒立 | 放大 | 实像 | $v > 2f$ | 投影仪 |
| $u = f$ | 不成像 | | | | |
| $u < f$ | 正立 | 放大 | 虚像 | $v < 0$(物像同侧) | 放大镜 |

*做一做*

1.校园里安装的摄像头,其成像原理与下面哪个仪器相同(　　　)。

　　A.照相机　　　　　　B.投影仪　　　　　　C.放大镜　　　　　　D.平面镜

2.小明在做凸透镜成像的实验,在光屏上得到烛焰缩小的像。然后他把燃烧着的蜡烛和光屏互换位置,这时烛焰在光屏上应(　　　)。

　　A.成倒立、缩小的像　　　　　　　　B.成倒立、放大的像

　　C.成正立、放大的像　　　　　　　　D.不能成像

3.某凸透镜焦距是10 cm,将物体放在离焦点5 cm的地方,所成的像(　　　)。

　　A.一定是实像　　　　　　　　　　　B.一定是虚像

　　C.一定是放大的像　　　　　　　　　D.一定是缩小的像

4.关于实像和虚像,下列说法正确的是(　　　)。

　　A.针孔照相机和普通照相机一样,都是光线经折射后成倒立缩小的实像

　　B.只要是倒立的像都是实像

　　C.只有缩小的像才是实像

　　D.实像可以用照相机拍得,而虚像则不能

# 【任务三】 制作简易照相机

## 一、制作目的

1.学生通过制作过程,进一步理解和掌握凸透镜的成像原理。

2.了解照相机的内部结构及成像原理。

3.培养学生动手能力,利于发展学生的创造思维能力。

## 二、制作原理

利用凸透镜成倒立、缩小的实像原理制作简易照相机。

## 三、制作器材

凸透镜一个、硬纸片若干、半透明纸、双面胶、剪刀、小刀、铅笔、尺子。

## 四、制作步骤

1.用尺子大致测出凸透镜的焦距。

2.制作照相机暗箱。取一张硬纸片并将其剪成长20 cm、宽18 cm的矩形,在距侧边5 cm处画出一个"井"字,用刀背划出印痕便于折叠。在"井"字中间挖掉一个矩形,用半透明纸和双面胶封住矩形孔。把剪好的矩形依照折痕折成盒形粘好。再取一张硬纸片,剪成比第一张稍小一点的纸片,以便折好后能装进前盒。在与第一张相同位置的"井"字中挖出一个圆形,其直径比凸透镜稍大一点,用同样的方法折成盒。

3.制作照相机镜头。取一张硬纸片,剪下5 cm长的纸条,把一边剪成齿形,卷成圆筒,用双面胶粘到纸盒上的圆形孔上,再卷一个刚好能卷住凸透镜的直筒,把凸透镜固定在圆筒的一端。把卷住凸透镜的直筒放进纸盒上的圆筒里,使其可以抽拉。

图1-6 自制相机

4.把两个矩形盒粘在一起,抽拉直筒就可以在半透明纸上观察远近不同的物体,自制相机完成,如图1-6。

## 做一做

在相机镜头前加一个凹透镜或凸透镜各会看到什么景象?

# 【任务四】探究手机摄像头的奥秘

随着科技的进步,手机自带的摄像头越来越智能,有不少人用手机拍出了很多惊艳的照片,因此人们便在考虑购买照相机的必要性了。下面,我们以某型号手机为例,探究一下手机摄像头的奥秘。

## 一、手机摄像头拆解实验

我们不妨自己动手拆开手机,看看有哪些零部件,也许会有新发现哦!

### (一)探究目的

1.了解手机的内部结构。

2.了解手机摄像头的组成。

3.通过对手机的拆解、组装提高实践操作能力。

### (二)探究器材

一部智能手机、一把小螺丝刀、一个小方盒、卫生纸、镊子、卡针、防静电垫。

### (三)探究步骤

1.将手机关机放在防静电垫上,用卡针取掉卡槽,放入小方盒里以免丢失。

2.打开手机外壳。

3.取下手机电池。

4.检查周边所有的螺丝都已拧掉。

5.把插口的排线全部拆掉。

6.观察各零部件的连接关系及结构组成,如图1-7。

7.观察手机摄像头原件,如图1-8,并按图1-9进行分解。

8.重新组装所有的零部件。

### (四)注意事项

1.拆卸前将手机关机,取下电池和SIM卡,以免手机突然断电遗失内存信息。

2.拆卸零部件时注意不要太用力,以免划伤手指和弄坏零部件。

3.手机内部结构精细,很容易损坏,要轻拿轻放,且放在指定小方盒内以免丢失。

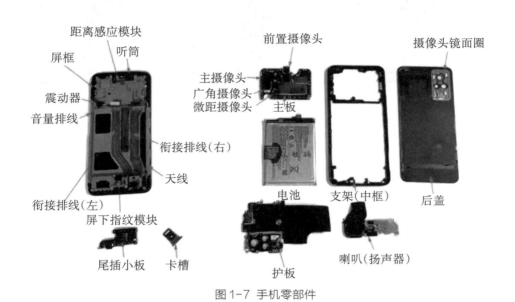

图1-7 手机零部件

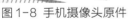

图1-8 手机摄像头原件

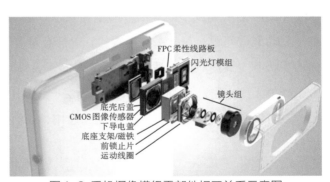

图1-9 手机摄像模组零部件相互关系示意图

## 二、手机摄像头的介绍

手机摄像头一般又分为前置摄像头和后置摄像头两种。前置摄像头的像素相对后置摄像头而言要低一些。我们发现手机前置摄像头通常只有一个,而后置摄像头有一个、两个甚至三四个,如图1-10所示。

图1-10 智能手机后置摄像头

在智能手机中,由于体积和厚度的限制,不可能无限提高传感器尺寸和镜头的光学性质。在这种情况下,通过加入多个摄像头来提高成像质量就成了一个自然而然的选择。通常在众多后置摄像头中,由一个主摄像头来完成基础拍摄,而其他摄像头则分别负责景深、曝光、长焦等参数的获取,最终由手机软件来完成计算,得出最终的结果。因此手机摄像头从最初的单摄像头进阶到双摄、三摄,甚至四摄、五摄,都是为了弥补单个摄像头的不足。这也许就是手机尝试拉近与专业相机距离的一种方式吧!

一款手机的摄像头不可以更换其他款手机的摄像头,同款手机才可以互相更换,因为手机拍照功能的实现不光是一个摄像头就能解决。摄像头只负责接收光信号,随后光信号转化为电信号和数字图像信号的过程则依赖数字信号处理芯片(即DSP),那就牵扯到一个驱动配适问题。每款手机内置的DSP都有对应的镜头像素配适范围,也就是说,如果你的手机DSP最高只能配适1 600万像素的镜头,那么即使你更换为更高像素的镜头,可由于DSP无法工作,镜头拍摄的光信号无法通过DSP完成转换,也就无法从手机上显示出来。只有同款手机的零部件才可以互相通用,因此更换手机零部件也只能在同款手机间进行。

///// 想一想 /////

如果现有的手机摄像已经不能满足用户的拍摄需求,而又不能因为这种原因丢弃手机,那还能不能用手机体验单反的乐趣呢?

# 【任务五】手机变单反

手机摄像头还可以分为内置摄像头和外置摄像头。手机内置摄像头是指摄像头在手机内部,直接使用。手机外置摄像头,顾名思义就是安装在手机原生镜头上的一种外置镜头设备,其目的简单来说就是为了弥补手机原生镜头取景范围、对焦距离等方面的不足。手机可以添加不同功能的外置镜头,比如常见的鱼眼、广角、长焦等镜头,以此拍摄出更加理想的照片。外置摄像头的优点是重量轻,携带方便,使用方法简单。想要手机拍摄擅长哪个方面,就在手机上加一个专门用于这个方面拍摄的摄像头,专职化利用,这样就能满足用户对手机拍摄更加专业化的需求。如图1-11所示,你可以根据自己的需求选择合适的手机外置镜头。

鱼眼镜头 　　　　　　　　微距镜头 　　　　　　　　广角镜头

图1-11 手机外置镜头

## 一、镜头的透镜组合

镜头是由若干片高质量光学玻璃的透镜组成,包括凸透镜和凹透镜。单片凸透镜,甚至"针孔"就能成像,但是这种成像质量差。现在的相机镜头都由多片凸透镜、凹透镜组成,利用各种透镜的性能互相抵消或减弱像差,提高成像质量。

一个完整的功能镜片叫一组,一般是一片镜片就是一组,但是有一些形状的镜片极难加工,所以要用多个镜片来实现,这几个实现共同功能的镜片也算一组。镜头透镜的"片组"情况有"3片3组、6片4组、10片8组"等,这是表示镜头的光学结构。不同透镜的片组组合就能呈现不同的拍摄效果。视角越大,需要的镜片越多。例如560 mm f/6.8只用了两片镜片,50 mm f/1.4一般需要6片或7片,21 mm f/4.5则使用了8片,更多的镜片使镜头更大、更重也更贵。

以EF11-24 mm f/4L USM(Ultra Sonic Motor,超声波马达)广角变焦镜头为例,镜头结构为16片11组,其中包含4片非球面镜片,1片超级UD(Ultra Low Dispersion,超低色散)镜片,1片普通UD镜片。

## 二、镜头的镀膜

为了提高镜头的透光率和影像的质量,在现代制造工艺上都要对镜头镀膜,这是根据光学的干涉原理制作的。一般来说,一层膜只对一种颜色光起作用,而多层镀膜则可对多种颜色光起作用。多层镀膜通常采用不同的材料重复在镜片表面镀上不同厚度的膜层,可大大减少镜头各透镜间的漫反射,从而提高影像的反差和锐度。

## 三、镜头的安装方法

外置摄像头安装简单,两步到位,注意手机镜头与外置镜头中心对齐(如图1-12)。外置摄像头适配市面上绝大多数手机和平板,让你瞬间体验单反级摄影。外置摄像头前后的照相效果,如图1-13所示。

把镜头对准镜头夹的螺丝孔,平整后顺时针方向钮紧

把装好的手机镜头夹在主摄像头上,镜头夹斜靠在手机的边侧,并尽量让手机镜头和原生镜头的中心对齐

图1-12 手机外置镜头安装示意图

手机拍摄　　　　鱼眼镜头拍摄　　　　手机拍摄　　　　微距拍摄

未使用广角镜头　　　使用广角镜头　　　未使用偏振镜　　　使用偏振镜

图1-13 手机外置摄像头照相效果对比图

>>> 做一做 ///

图1-13所示的照片是通过改变透镜的组合形成几种常用的镜头拍摄而成的。请你根据实际,查阅资料,开展"透镜组合"创新实验研究并记录在表1-3中。

表1-3 创新实验研究记录表

| 创新内容 | 创新记录 | 照片对比 |
|---|---|---|
| 器材创新 | | |
| 方法创新 | | |
| 操作创新 | | |
| 其他创新 | | |

【拓展资料】

## 相机的发展历史

约公元前388年,墨家著作《墨经》中已有针孔成像的记载;13世纪,在欧洲出现了利用针孔成像原理制成的映像暗箱,人们走进暗箱观赏映像或描画景物;1550年,意大利的卡尔达诺将双凸透镜置于原来的针孔位置上,映像的效果比暗箱更为明亮清晰。1839年,法国的达盖尔发明了世界上第一台照相机。时至今日,照相机走过了从黑白到彩色,从纯光学、机械架构演变为光学、机械、电子三位一体,从传统胶片发展到今天的以数字存储器为记录媒介,这标志着相机产业向数字化新纪元的跨越式发展,人们的影像生活也由此彻底改变。

1.第一次大革新——火棉胶"湿版"摄影法

1851年,英国的F.S.阿彻尔发现火棉胶是很好的胶合剂,可以将感光化学药品附着在玻璃板上,而不会像蛋白那样会变黄或干裂。这是摄影史上第一次大革新,也就是著名的火棉胶"湿版"摄影法。

2.第二次大革新——干版摄影的普及

19世纪70年代,摄影在技术上又发生了一个重大变革。1871年,英国的马多克斯发明了另外一种以玻璃为感光版的摄影方法"干版法"。玻璃干版在感光能力上又有提高,且质量稳定,摄影时比"湿版"摄影法方便很多,在室外阳光下曝光时间可缩短到$\frac{1}{25}$秒。

3.第三次大革新——胶卷的发明

1888年,当时的伊斯曼干版公司(现伊士曼柯达公司)利用涂布机将感光乳剂涂在透明的软片片基上,用于拍照的胶卷由此诞生。与此同时,干版公司还研制出了使用这种胶卷的相机。从此,照相底片以干版一统天下的格局被打破,感光材料的发展进入了一个新纪元。

4.第四次大革新——电子数码相机的发展

20世纪60年代,人们就开始了"CCD芯片"的研究与开发,通过卫星系统从太空中向地面发送航天照片。1975年,柯达公司开发了世界第一部数码相机。1995年,市面上的数码相机只有41万像素;到1996年几乎翻了一倍,达到81万像素,数码相机的出货量达到50万台;1997年又提高到100万像素,数码相机出货量突破100万台。

**评价表**

| 维度 | 评价内容 | 自我评价 | 同学评价 | 师长评价 |
|---|---|---|---|---|
| 物理观念 | 1.能了解相机的结构和分类。 | ★★☆ | ★★★ | ★★☆ |
| | 2.能了解凸透镜成像等相关物理知识。 | ★★☆ | ★★★ | ★★☆ |
| 科学思维 | 1.能结合相机结构知识与凸透镜成像规律建构物理模型。 | ★★☆ | ★★★ | ★★☆ |
| | 2.能将物理知识联系生活实际,将手机摄像头结合数学、物理、工程和技术等跨学科知识分析物理问题。 | ★★☆ | ★★★ | ★★☆ |
| 科学探究 | 1.能完成"制作简易照相机""探究手机摄像头的奥秘"等项目任务,并能分析物理现象,提出项目学习中遇到的问题。 | ★★☆ | ★★★ | ★★☆ |
| | 2.能在他人帮助下制订项目方案,能根据项目提供的器材制作物理模型,开展探究活动,会设计表格,获取项目数据并记录在表格中。 | ★★☆ | ★★★ | ★★☆ |
| | 3.能对"探究凸透镜成像规律"等实验数据进行分析,在项目报告中呈现项目研究的图表,并交流展示成果。 | ★★☆ | ★★★ | ★★☆ |
| 科学态度与责任 | 1.通过对凸透镜成像原理、制作简易相机、探究手机摄像头的奥秘以及手机照相等一系列知识学习,能体会科学家探索科学真理的艰辛,以及科学研究的价值。 | ★★☆ | ★★★ | ★★☆ |

续表

| 维度 | 评价内容 | 自我评价 | 同学评价 | 师长评价 |
|---|---|---|---|---|
| | 2.能积极参加小组活动,主动交流,合作完成项目任务,和他人分享学习物理的乐趣与物理之美。 | ★★☆ | ★★★ | ★★☆ |
| | 3.能认识科学探索中的理论与实验研究的重要性,善于创新地运用新方法、新途径去解决项目学习过程中出现的新问题。 | ★★☆ | ★★★ | ★★☆ |
| 项目学习反思 | | | | |

## 参考答案

### 任务二

【做一做】

1.A

2.B

3.C

4.B

### 任务三

【做一做】

凸透镜在前,凹透镜在后,可以组成伽利略式望远镜,成放大拉近的虚像。两个凸透镜可以组成开普勒式望远镜,成倒立放大的虚像,目镜把物镜成的倒立实像放大。

# 项目二 太阳能电池

◆问题◆

生活中我们做饭、照明、取暖等需要能量,金属的冶炼、机器的运转、汽车和火车等交通工具的行驶也需要能量。生产和生活中所需能量是不同的能源提供的。各种能源的广泛应用,极大地促进了人类文明的发展。

随着科学技术的发展,太阳能作为一种新能源受到人们的青睐,太阳能电池也逐渐走进了人们的生活。太阳能电池、太阳能路灯、太阳能热水器等已经来到我们的身边,给我们的生活带来了极大的便利。同学们还知道哪些太阳能物品呢?那同学们知道太阳能供电的原理吗?接下来我们就一起来探究太阳能的奥秘吧!

## 【任务一】探究太阳能电池的分类及原理

太阳能电池按结晶状态可分为结晶系薄膜式和非结晶系薄膜式两大类,而前者又分为单结晶形和多结晶形。太阳能电池根据所用材料的不同还可分为:硅太阳能电池、多元化合物薄膜太阳能电池、聚合物多层修饰电极型太阳能电池、纳米晶太阳能电池、有机太阳能电池、塑料太阳能电池,其中硅太阳能电池是目前发展最成熟的,在应用中居主导地位。

太阳能电池可以把太阳能直接转换为电能,它是以光化学或光电效应为途径的一种装置。目前,其主要发展趋势是以光电效应为原理的,而以光化学效应为原理的仍处于研发的初期。因此,下面我们主要探究太阳能光伏电池的原理。

PN结:采用不同的掺杂工艺,通过扩散作用,将P型半导体与N型半导体制作在同一块半导体(通常是硅或锗)基片上,在它们的交界面就形成空间电荷区。PN结具有单向导电性。

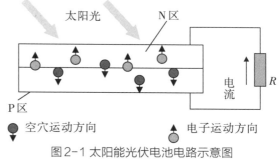

图2-1 太阳能光伏电池电路示意图

太阳能光伏电池是一种可以将太阳能转化为电能的特殊装置,该装置利用了光伏效应原理。光伏效应全称为半导体PN结的光生伏特效应,一旦光线照射物体,物体内部的电荷分布状态就会发生变化,进而有电流产生,如图2-1所示。

### 想一想

太阳能电池可分为哪些类型?

## 【任务二】制作小型太阳能电池

太阳能电池是一种利用太阳光直接发电的光电半导体薄片,又称"太阳能芯片"或"光电池",它在一定光照度条件下,瞬间就可输出电压,并在回路中产生电流。在物理学上称为太阳能光伏(Photovoltaic,缩写为PV),简称光伏。

太阳能的优点有:(1)资源丰富。每年到达地球表面上的太阳辐射能约相当于130万亿吨煤所产生的能量,其总量是现今世界上可开发的最大能源,可以说太阳能资源取之不尽、用之不竭。(2)能源洁净。与煤、石油、天然气等化石燃料不同,太阳能不会污染环境。在环境污染越来越严重的今天,这一点是极其宝贵的。(3)使用方便。太阳能没有地域的限制,无须开采和运输。

我们是否可以利用身边的材料来制作一个小型的太阳能电池呢?

## 一、制作目的

1.通过动手制作,了解太阳能电池的制作原理。

2.培养学生的动手能力。

## 二、制作原理

太阳能电池的基本原理:将平时收集到的光能转化为电能后,对蓄电池充电,将电能储存起来,在开启负载时就释放储存起来的电能。典型的太阳能电池应用例子就是太阳能路灯:在白天有阳光照射时便为蓄电池充电,夜晚就通过蓄电池向灯泡(现多为低功耗高亮度LED灯)供电,用以照明。

## 三、制作器材

1块万用电路板(单孔板),2块太阳能电池板(开路电压:4.2 V,短路电流:38 mA),2节镍氢充电电池(普通5号),1块升压电路板,1个二极管(型号:IN5819)和1个钽电容(100 μF),1条尼龙捆扎带,1把外热式电烙铁,1把老虎钳。

## 四、制作步骤

1.固定太阳能电池板。先剪一小段金属丝,再用电烙铁焊接在太阳能电池板的两个电极上作为引脚,以便于连接和固定在电路板上,如图2-2所示。(注意:两块太阳能电池板是正极对正极,负极对负极并联起来使用的,这样可以有效地增强太阳能电池板提供电流的能力。)

2.安装储能用的充电电池。将电池两极焊上引脚,固定至电路板上,如图2-3所示。(为了稳定,可以用带尖的金属工具在电路板上钻孔后再用尼龙捆扎带加固。)

3.安装升压电路板。将升压电路板连接在电路板上。

图2-2 固定太阳能电池板

图2-3 安装储能用的充电电池

4.制作一个外壳。

5.供电系统测试。测试制成后的太阳能供电板是否可以给小灯泡、手电筒等供电。

### 想一想

1.本次制作中你遇到哪些问题?我们应该注意些什么?

2.小型太阳能供电系统制作完成后,携带比较方便,只要放在阳光充足的地方,就可以储存电能供我们使用,相当于一个室外充电宝。而我们家里普通的充电宝是通过插电的方式将电能储存在里面。同学们是否能将两者结合起来,制作出既可以满足太阳能充电,又可以在家里充电的供电系统?请同学们自行设计、制作一个同时满足太阳能充电和家用充电的供电系统。

## 【任务三】探究太阳能电池的伏安特性曲线

熟悉了太阳能电池的发电原理,并能够制作太阳能电池之后,接下来咱们一同探究太阳能电池的伏安特性曲线。

### 一、探究目的

1.测量硅光电池的伏安特性曲线,理解硅光电池路端电压随电流变化的关系。

2.学会根据图像合理外推进行数据处理的方法。

### 二、探究原理

根据闭合电路的欧姆定律 $U = E - Ir$,改变电路中滑动变阻器的阻值或改变光照强度,读出电压表、电流表的几组数据,作出 $U–I$ 特性曲线。

### 三、探究器材

硅光电池,光源,电流表($0 \sim 0.6$ A),电压表($0 \sim 3$ V),滑动变阻器($0 \sim 50$ Ω),开关,两节电池,电池盒,导线若干。

#### 四、实验步骤

1.确定电流表、电压表的量程,按图2-4所示的电路图连接好电路,并将滑动变阻器的阻值调至最大。

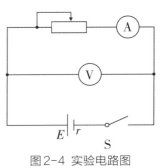

图2-4 实验电路图

2.用一定强度的光照射硅光电池,闭合开关,调节变阻器,使电流表有明显示数,记录电流表和电压表的示数。

3.用与步骤2同样的方法测量并记录6组$U$、$I$值,填在表2-1中。

4.减小光的强度,重复实验,测量并记录6组$U$、$I$值,填在表2-2中。

5.增加光的强度,重复实验,再次测量并记录6组$U$、$I$值,填在表2-3中。

6.作$U$-$I$图像。

#### 五、数据记录

把上述实验步骤中所测数据填入表中。

表2-1 数据记录表1

| 序号 | 1 | 2 | 3 | 4 | 5 | 6 |
|---|---|---|---|---|---|---|
| $U$/V | | | | | | |
| $I$/A | | | | | | |

表2-2 数据记录表2

| 序号 | 1 | 2 | 3 | 4 | 5 | 6 |
|---|---|---|---|---|---|---|
| $U$/V | | | | | | |
| $I$/A | | | | | | |

表2-3数据记录表3

| 序号 | 1 | 2 | 3 | 4 | 5 | 6 |
|---|---|---|---|---|---|---|
| $U$/V | | | | | | |
| $I$/A | | | | | | |

## 六、数据处理

根据表中的测量数据在图2-5中作 $U$-$I$ 图像。

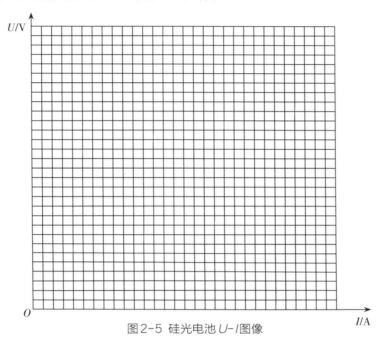

图2-5　硅光电池 $U$-$I$ 图像

## 七、注意事项

1.注意合理选用电压表、电流表和滑动变阻器。

2.要测出不少于6组 $U$、$I$ 数据,且变化范围要大一些。

3.在画 $U$-$I$ 图像时,要使较多的点落在这条直线上或使各点均匀分布在直线的两侧,个别偏离直线太远的点可舍去不予考虑。

4.在画 $U$-$I$ 图像时,纵轴 $U$ 的刻度可不从零开始,而是根据测得的数据从某一恰当值开始。

## 八、实验结论

#### 做一做

1.一块太阳能电池板,测得它的开路电压为800 mV,短路电流为40 mA,若将该电池与一阻值为20 Ω的电阻器连成一闭合电路,则它的路端电压是(    )。

A.0.10 V            B.0.20 V            C.0.30 V            D.0.40 V

2.通过查询资料,请估算1 m²的太阳能电池板1小时的发电量。

#### 想一想

你能否通过所学知识算出硅光电池的电动势和内阻?

## 【任务四】 制作小型太阳能小车

20世纪80年代,人们开始把太阳能电池用在汽车上,之后中国、美国、荷兰、日本等国家都对太阳能电池在汽车上的应用进行了相关研究。太阳能汽车是近年来广受关注的新能源汽车之一,也被认为是最为环保的汽车。随着全球经济和科学技术的飞速发展,太阳能汽车的相关技术得到了长足的发展,或许在不久的将来我们就能使用上一款太阳能汽车。目前,很多城市实行限号出行,但电动汽车不限号,所以使用电动汽车的家庭越来越多。但是电动汽车最大的痛点就是它的续航里程问题,即无法实现远距离出行。为了减少污染,我们可否制造太阳能汽车来替代传统汽车呢?下面我们就一起来设计、制作一辆太阳能小车吧!

### 一、制作目的

1.制作一辆小型的太阳能车。
2.增强动手能力和合作交流能力。

### 二、制作原理

太阳能小车由太阳能电池、微型马达、小窗板、泡沫胶、电机夹、车轮、铁轴、主齿轮、螺丝、轴套、小轴架等各个部件组装而成,如图2-6所示。

太阳能小车采用太阳能作为能量来源,相比传统燃油机驱动的汽车,太阳能汽车是真正的零排放,更加节能环保。小车上的太阳能小方板将太阳能转化为电能,供给微型马达,微型马达将电能转化为机械能,从而使车轮快速转动。

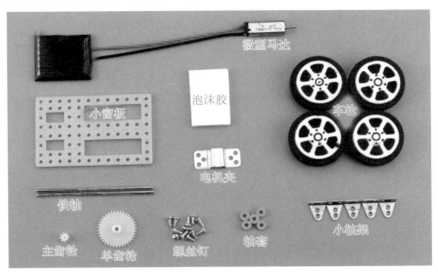

图2-6 所需部件

## 三、制作器材

太阳能电池1个,微型马达1个,泡沫胶若干,电机夹1个,螺丝钉若干,铁轴2个,树脂材料1卷,PH000型螺丝刀1个。

## 四、制作步骤

1.给小窗板的四个角安装小轴架,使用4 mm螺丝钉固定,如图2-7所示。

2.在6 cm铁轴上,安装单齿轮和轴套(单齿轮孔较紧,可借助工具按压或者敲进去,注意位置和方向),如图2-8所示。

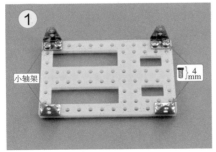

图2-7 安装小轴架

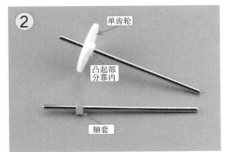

图2-8 安装单齿轮和轴套

3.将齿轮、铁轴组件穿入小轴架下面的孔，在另一端装上轴套（注意不要卡太紧，留点间隙），如图2-9所示。

4.在铁轴上安装车轮，如图2-10所示。

5.在微型马达上安装主齿轮，如图2-11所示。

6.在小窗板上用电机夹固定微型马达（注意齿轮咬合适中，不能太紧也不能太松，要能很轻松地转动车轮，可手动多次调试），如图2-12所示。

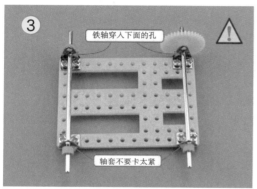

图2-9 安装齿轮、铁轴组件

图2-10 安装车轮

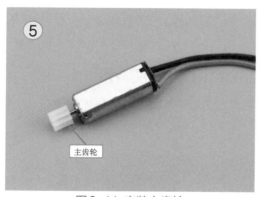

图2-11 安装主齿轮

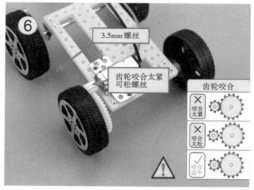

图2-12 固定微型马达

图2-13 贴上小块泡沫胶

图2-14 粘贴电池

7.在太阳能电池板背面贴上小块泡沫胶,如图2-13所示。

8.将太阳能电池粘贴在车身合适位置,如图2-14所示。

//// 想一想 ////

1.太阳能小车将太阳能转化为了什么能?

2.太阳能还可以转化为哪些其他形式的能?

//// 做一做 ////

太阳能小车与玩具小车的外形相似,但结构和原理不同。同学们能否在玩具小车的基础上进行改装,将它改装成一辆太阳能小车?

【拓展资料】

## 太阳能电池的发展

以煤炭为能源的蒸汽机推动了第一次工业革命,电力驱动的灯泡照亮了第二次工业革命前进的方向,核能、电子计算机等技术的发明创造使得第三次工业革命极大地推动了人类在社会、经济、文化等范畴的先进程度,虽然我们已身处第四次工业革命,但是我们对新能源的探索从未停止,而且不排除一种新的能源会改变我们人类的生活。太阳能的出现就为人类带来了极大的便利。

太阳能是一种取之不尽、用之不竭、无污染的绿色能源,但它具有随机性、间歇性的特点。目前直接利用太阳能的方式主要有两种,一种是用集热器把水等物质加热,另一种是用太阳能电池把太阳能转化为电能。据记载,人类利用太阳能已有3000多年的历史,而将太阳能作为一种能源和动力加以利用,却只有300多年的历史。近代对太阳能利用的历史可以从1615年法国工程师所罗门·德·考克斯发明世界上第一台以太阳能驱动的发动机算起。该发明是一台利用太阳能加热空气,使其膨胀做功而抽水的机器。真正将太阳能作为"近期急需的补充能源""未来能源结构的基础",则是近年的事。20世纪70年代以来,太阳能科技突飞猛进,对太阳能的利用日新月异。据国家能源局发布的统计数据,截至2018年底,我国光伏发电装机达到1.74亿千瓦,2018年全国光伏发电量1775亿千瓦时。在国家政策支持下,中国光伏发电取得了举世瞩目的发展成绩。目前,我国的太阳能供电系统技术已经比较成熟。

太阳能电池自诞生以来,各国政府纷纷出台各种扶持政策,投入巨资,以此推动太阳能光伏产业的技术研发和应用推广。目前太阳能电池已经在航空航天、交通、通信、建筑等方面获得广泛应用。相信在不久的将来,太阳能会成为人类使用的主要能源。

### 想一想

#### 自制太阳能集热器

在黑色的盘子和白色的盘子里分别注入2 cm深的冷水,用温度计测量初温,将玻璃板盖在盘子上,然后放在阳光下晒一个小时,拿开盖板,用温度计测量水温。哪个盘中水温高? 想一想为什么要用黑色的盘子? 为什么上面要盖玻璃板?

### 做一做

1.太阳灶是将_____能直接转化为_____能,它的反射面通常要用_____镜,以便将太阳光_____并_____,以获得高温。

2.下列能源不是来自太阳的是( )。

    A.石油         B.煤         C.天然气         D.核电站的核能

3.航天工业中大量使用的太阳能电池,是将_____能转化为_____能。绿色植物的光合作用是将_____能转化为_____能。太阳能热水器是将_____能转化为_____能。

4.下面关于太阳能的说法错误的是( )。

    A.太阳能几乎是用之不尽的

B.太阳内部不停地进行着核聚变

C.太阳能分布广泛,获取方便,转换率高

D.太阳能安全、清洁,不会带来环境污染

5._____、_____、_____是我们常见的化石燃料,而这些化石燃料的能源其实都来自_____能。

## 评价表

| 维度 | 评价内容 | 自我评价 | 同学评价 | 师长评价 |
|---|---|---|---|---|
| 物理观念 | 1.能理解电路、欧姆定律的内涵,知道太阳能电池的工作原理。 | ★★☆ | ★★☆ | ★★☆ |
| | 2.能用欧姆定律探究太阳能电池的电流、电压关系。 | ★★☆ | ★★☆ | ★★☆ |
| 科学思维 | 1.能在明确太阳能电池工作原理的基础上拓展延伸,设计出家用的太阳能供电系统。 | ★★☆ | ★★☆ | ★★☆ |
| | 2.能综合应用数学、物理、信息科技等跨学科知识分析物理问题,通过分析和推理,理解太阳能电池电流、电压的关系并得出实验结论。 | ★★☆ | ★★☆ | ★★☆ |
| 科学探究 | 1.在做中学,能完成"制作小型太阳能电池"等项目任务,并能分析出实验的注意事项。 | ★★☆ | ★★☆ | ★★☆ |
| | 2.能对"探究太阳能电池的伏安特性曲线"等项目进行科学探究,会根据探究内容设计表格,并将获取的项目数据记录在表格中,再分析表格数据得出结论。 | ★★☆ | ★★☆ | ★★☆ |
| | 3.能在各个任务中进行观察分析,能提出问题,展示成果。 | ★★☆ | ★★☆ | ★★☆ |
| 科学态度与责任 | 1.能通过太阳能电池制作的学习,领悟科学无处不在。 | ★★☆ | ★★☆ | ★★☆ |
| | 2.能通过项目探究,与小组成员分工合作,积极交流,明白团队合作的意义,体会学习物理的趣味。 | ★★☆ | ★★☆ | ★★☆ |
| | 3.能通过探究学习,在课本知识的基础上发散思维,求真创新。 | ★★☆ | ★★☆ | ★★☆ |
| 项目学习反思 | | | | |

## 参考答案

### 任务三

【做一做】

1.D

2.0.14—0.15千瓦时

### 任务四

【想一想】

1.机械

2.太阳能还可以转换为光能、内能、化学能等

【拓展资料】

【做一做】

1.太阳,内,凹面,反射,会聚在焦点处

2.D

3.太阳,电,太阳,化学,太阳,内

4.C

5.煤,石油,天然气,太阳

# 项目三 额温枪的秘密

◆问题◆

季节更替,早晚温差大,常常会使人们感冒。流行性感冒可引起发热,有鼻塞、流鼻涕、打喷嚏、咽痛等症状。为了可靠预防,温度检测便成了一种非常重要的判断手段。那我们应该如何快速无接触地测量体温呢? 在快速测温的要求下,各类无接触红外测温方案开始涌现,其中,额温枪是最常用的一种。

## 【任务一】 常见测温计的测温原理

日常生活中,检测温度的仪器有水银温度计、金属电阻温度计、气体温度计、热电偶温度计和额温枪等。

### 一、水银温度计

如图3-1所示的水银温度计是人们日常生活中常用的液体温度计。水银热导率大,比热容小,膨胀系数均匀,在相当大的温度范围内,体积随着温度的变化呈直线关系,同时具有不润湿玻璃、不透明而便于读数等优点,因而水银温度计是一种结构简单、使用方便、测量较准确且测量范围大的温度计。水银温度计由玻璃制成,内有随体温升高而上升的

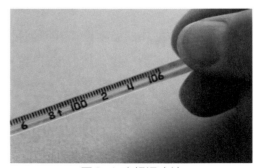

图3-1 水银温度计

水银柱,水银储存在末端的水银球内。当水银受热温度升高时就会膨胀,沿着非常狭窄的玻璃管上升。体温的细小变化就会导致玻璃管内水银的大幅度上升,从而测出体温。量完体温后,用力甩动体温计,使水银回到水银球内。水银的凝固点是-38.9 ℃,沸点是356.7 ℃,理论测量温度范围是-38.9 ℃~356.7 ℃。

## 二、金属电阻温度计

如图3-2所示是金属电阻温度计,也称为电阻温度探测器,相当于温度传感器,它是根据电阻值随温度变化这一特性制成的。

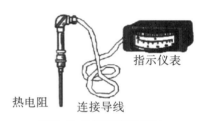

指示仪表

热电阻　连接导线

图3-2 金属电阻温度计

常用的电阻温度计采用金属丝绕制成的感温元件,主要有铂电阻温度计和铜电阻温度计,在低温下还有碳、锗和铑铁电阻温度计。

铂金属的电阻与温度的关系

用作电阻元件的金属的显著特征是在0 ℃和100 ℃之间,电阻与温度关系近似线性。电阻的温度系数由α表示,通常以Ω/℃为单位给出:

$$\alpha = \frac{R_{100} - R_0}{100 \text{ ℃} \cdot R_0}$$

其中,$R_0$是0 ℃时传感器的电阻,$R_{100}$是100 ℃时传感器的电阻。

铂的这些不同α值是通过掺入其他物质实现的。

## 三、气体温度计

如图3-3所示的气体温度计是一种以一定质量的气体作为工作物质的温度计。其原理是理想气体状态方程:$pV=nRT$。因此,由气体温度计可以直接得到热力学温度。

气体温度计是在容器里装氢气或氦气(多用氢气或氦气作测温物质,是因为氢气和氦气的液化温度很低,接近于绝对零度,故它的测温范围很广,这种温度计精确度很高,多用于精密测量)。实际的测量过程采

图3-3 气体温度计

用控制变量法,控制压力或者体积不变来求温度。气体温度计分为定容型和定压型。定容型是气体的体积保持不变,压强随温度改变;定压型是气体压强保持不变,体积随温度改变。显然,定容型更容易控制,也更为精确。

## 四、热电偶温度计

如图3-4所示的热电偶温度计是接触式测温中应用最广的热电式传感器,在工业用温度传感器中占有极其重要的地位。它具有结构简单、使用方便、测温范围广、测量准确度高、输出信号线性好等特点。

热电偶测温的基本原理是两种不一样成分的原料导体构成闭合回路,当两头存在温度差时,回路中就会有电流经过。

热电偶是一种感温元件,是一次仪表。它直接测量温度,并把温度信号转换成热电动势信号,通过电气仪表(二次仪表)转换成被测介质的温度。

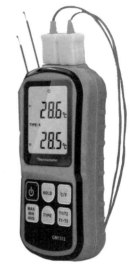

图3-4 热电偶温度计

## 五、额温枪

如图3-5所示的额温枪,又名红外线测温仪,它针对测量人体额温基准设计,使用非常简单方便。一键测温,1秒即可较准确测温,无激光点,免除对眼睛的潜在伤害,无需接触人体皮肤,可避免交叉感染。

额温枪由光学系统、光电探测器、信号放大器及信号处理显示输出等部分组成。额温枪测温原理:红外线辐射能量聚焦在光电探测器上并转变为相应的电信号,该电信号经换算再转变为被测目标的温度值。

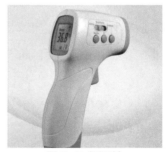

图3-5 额温枪

### (一)额温枪测温的工作原理

1.待测目标:根据待测目标的红外辐射特性可进行红外系统的设定。

2.光学接收器:它接收目标的部分红外辐射并传输给红外传感器。

3.红外探测器:这是红外系统的核心。它是利用红外辐射与物质相互作用所呈现出来的物理效应探测红外辐射的传感器。

4.探测器制冷器:由于某些探测器必须在低温下工作,所以相应的系统必须有制冷设备。经过制冷,设备可以缩短响应时间,提高探测灵敏度。

5.信号处理系统:探测输出信号非常微弱,通常要经过放大后,再送给控制系统产生各种控制动作,然后将红外线的辐射能量转变为易于测量的电学量,最后输送到控制设备或者显示器中。

6.显示设备:即额温枪的屏幕。常用的显示器有示波器、显像管、红外感光材料、指示仪器和记录仪等。

额温枪是通过接收人体发射的红外线的能量的大小来测量其体温的仪器。测温装置内部的灵敏探测元件将采集的能量信息输送到微处理器中进行处理,然后转换成温度读数显示。

**(二)额温枪的优点**

1.非接触测量:额温枪不需要直接接触人体,只需在额头前方约5 cm处,手动按下测温按钮,红外探测器感应到人体辐射的红外线即可。所以,额温枪对人体不会有任何干扰,也不会为人体带来任何伤害。

2.测量范围广:额温枪是非接触式测温,所以测温装置并不处在较高或较低的温度场中,而是在正常的温度或测温装置允许的条件下进行测量工作的,所以测量范围较广。

3.测温速度快:额温枪的红外探测器中的灵敏元非常灵敏,只要接收到目标——红外辐射,即可在1 s内定温。

4.准确度高:额温枪与人体不接触,所以不会破坏物体本身的温度分布,因此测量精度高。

5.灵敏度高:额温枪受外界干扰小,比较精确。用额温枪甚至可快速探测物体温度的微小变化。

6.体积小,方便携带:额温枪可快速提供温度测量,可连续测温。另外,额温枪体积小且轻巧,不用时易于收拾,日常携带方便。

7.安全:安全是使用额温枪最重要的益处。不同于接触式测温仪,额温枪能够安全地读取难以接近的或不可达到的目标温度,你可以在仪器允许的范围内读取目标温度。非接触温度测量还可在不安全的或接触测温较困难的区域进行。

**(三)额温枪的使用注意事项**

1.要做到保证额温枪的光学系统部分清洁,无灰尘、水汽等,被测人额头和耳道无汗水、毛发、灰尘、帽子等杂物遮挡。

2.周围环境温度不能极高或者极低,当额温枪处于与环境温度差20 ℃或更高的情况时,其测量数据将不准确,需待温度平衡后再取其测量的温度值。

3.不能应用于光亮或抛光的金属表面测温,不能透过玻璃进行测温。

**想一想**

1.水银温度计是一种常见的测量温度工具,水银温度计的精度是多少? 用水银温度计读数的误差来源是什么? 如何准确地用水银温度计读数?

2.额温枪的使用方法是什么? 精度是多少? 如何减小额温枪测温的误差? 与水银温度计相比,额温枪的优点是什么? 针对额温枪测温的局限性,请同学们提出改进建议。

**做一做**

1.关于热力学温度和摄氏温度,以下说法不正确的是(　　　)。

　　A.热力学温度的单位"K"是国际单位制中的基本单位

　　B.温度升高了1 ℃,就是升高了1 K

　　C.1 ℃就是1 K

　　D.0 ℃的温度可用热力学温度粗略地表示为273.15 K

2.实验室有一支读数不准确的温度计,在测冰水混合物的温度时,其读数为20 ℃;在测一标准大气压下沸水的温度时,其读数为80 ℃。下面分别是温度计示数为41 ℃时对应的实际温度和实际温度为60 ℃时温度计的示数,其中正确的是(　　　)。

　　A.41 ℃、60 ℃　　　　　B.21 ℃、40 ℃　　　　　C.35 ℃、56 ℃　　　　　D.35 ℃、36 ℃

## 【任务二】 额温枪中的传感器简介

额温枪主要由外壳、内部电路板及电池三部分组成。如图3-6所示，外壳由LED显示屏、电池盖、各种按键等组成；内部电路板主要由红外温度传感器、蜂鸣器等器件构成的电路组成；电池是促成内部电路正常工作的电源。

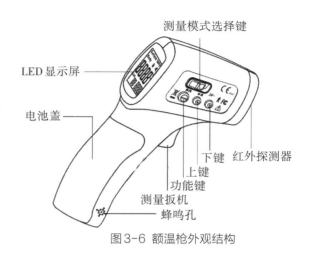

图3-6 额温枪外观结构

传感器能够感受诸如力、温度、光、声、化学成分等物理量，并能把它们按照一定的规律转化为便于传送和处理的另一个物理量（通常是电压、电流等电学量），或转化为电路的通断。传感器感受的通常是非电学量，而它输出的通常是电学量，这些输出的信号非常微弱，通常要经过放大后，再传送给控制系统，产生各种控制动作。其原理如图3-7所示。

图3-7 传感器应用的一般模式

传感器根据检测的不同，可分为物理型、化学型和生物型三类。中学阶段接触到的有光敏电阻、热敏电阻、金属热电阻、霍尔元件和电容等不同元件构成的各种用途的传感器。

额温枪中的传感器是红外温度传感器。红外额温枪一般距离额头或手腕1~3 cm处进行测量，由红外温度传感器采集人体（或物体）的温度，采集到的数据经过信号放大电路进行放大，从而在LED显示屏显示温度，也可以根据放大的信号来触发蜂鸣器，提醒已经达到设定的临界温度。

常见的红外温度传感器，根据能量转换所用材料不同，主要有以下几种类型：

（1）热释电型：硫酸三甘肽、钽酸锂等。

（2）热电堆型：N 型和 P 型的多晶硅。

（3）二极管型：单晶或多晶 PN 结。

（4）热电容型：双材料薄膜。

（5）热敏电阻型：氧化钒、非晶硅等。

其实，这些类型都只是在接收红外能量后，转换方式和材料能效比不同而已。

### 做一做

1.传感器将_____转换为_____，就可以方便地进行测量、传输、处理和控制了。

2.传感器输出信号是非常微弱的，通常要经过_____后，再送给控制系统产生各种控制动作。

3.请比较热敏电阻和金属热电阻，完成填空。

表3-1 热敏电阻和金属热电阻的比较

| 项目 | 热敏电阻 | 金属热电阻 |
|---|---|---|
| 特点 | 电阻率随温度的升高而减小 | 电阻率随温度的升高而增大 |
| 制作材料 | 半导体 | 金属导体 |
| 导电原理 | 自由电子和空穴等载流子 | 自由电子的定向移动 |
| $R$-$T$ 图像 | | |
| 优点 | | |
| 作用 | | |

4.如图 3-8 所示为电饭煲的电路图。$S_1$ 是一个限温开关，手动闭合，当此开关的温度达到居里点（103 ℃）时会自动断开；$S_2$ 是一个自动温控开关，当温度低于 60 ℃时会自动闭合，温度高于 80 ℃时会自动断开，红灯是加热状态时的指示灯，它在保温状态下是不亮的，黄灯是保温状态下的指示灯。限流电阻 $R_1$=$R_2$=500 Ω，加热电阻丝 $R_3$=50 Ω，两灯的电阻不计。

（1）分析电饭煲的工作原理。

（2）计算加热和保温两种状态下，电饭煲的消耗功率之比。

（3）简要回答，如果不闭合开关$S_1$，电饭煲能将饭煮熟吗？

5.以光敏电阻为传感器设计安装一个白天自动关灯、夜晚自动开灯的路灯自动控制装置。

（1）请写出所需器材。

（2）画出电路原理图，并简要说明工作原理。

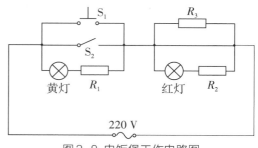

图3-8 电饭煲工作电路图

## 【任务三】探究额温枪的最佳测温距离

现就额温枪对体温的测量和与人额头的距离进行探究，找出最佳测量距离。

### 一、探究目的

探究额温枪的最佳测温距离。

### 二、探究原理

在同一环境，针对同一物体，不同的测温距离其测量温度有差别，通过实验找出最佳的测温距离。

### 三、探究器材

额温枪，刻度尺，水银温度计。

### 四、探究步骤

（1）一位同学用额温枪分别正对四位同学的额头，在不同距离测量他们的体温。

（2）请一位同学使用刻度尺测量距离，一位同学记录数据并填入表3-2中。

（3）使用水银温度计进行体温测量。

表3-2 数据记录表

| 额温枪距离额头距离/cm | 1 | 2 | 3 | 4 | 5 | 6 | 水银温度计所测体温 |
|---|---|---|---|---|---|---|---|
| 同学甲 | | | | | | | |
| 同学乙 | | | | | | | |
| 同学丙 | | | | | | | |
| 同学丁 | | | | | | | |

## 五、误差分析

分析实验中存在的误差以及减小误差的方法：

_____

_____。

## 六、实验结论

根据实验数据比较得出最佳测温距离：

_____

_____。

# 【任务四】探究额温枪的最佳测温光照

额温枪对体温的测量除与距离人额头的远近有关外,还与光照强度、室外温度以及人体的汗水、帽子等有关。

## 一、探究目的

探究额温枪的最佳测温光照。

## 二、探究原理

针对同一物体,同一测温距离,不同光照强度下测量的温度有差别。

### 三、探究器材

额温枪,手电筒,水银温度计。

### 四、探究步骤

（1）一位同学用额温枪分别正对四位同学的额头,在不同光照强度下测量他们的体温。

（2）请一位同学利用器材改变光照强度,一位同学记录数据并填入表3-3中。

（3）使用水银温度计进行体温测量。

表3-3 数据记录表

|  | 自然光照 | 手电筒的弱光 | 手电筒的强光 | 水银温度计所测体温 |
|---|---|---|---|---|
| 同学甲 |  |  |  |  |
| 同学乙 |  |  |  |  |
| 同学丙 |  |  |  |  |
| 同学丁 |  |  |  |  |

### 五、误差分析

分析实验中存在的误差以及减小误差的方法:

_____

_____。

### 六、实验结论

根据实验数据比较得出最佳测温光照:

_____

_____。

请同学们以小组为单位自行设计实验方案,验证额温枪测温受外界环境温度影响:

**【拓展资料】**

## 红外辐射

红外辐射的物理本质是热辐射。我们周围的一切物体都在辐射电磁波,这种辐射与物体的温度有关,辐射强度按波长的分布情况随物体的温度而有所不同(随着温度的升高,一方面,各种波长的辐射强度都有所增加,另一方面,辐射强度的极大值向波长较短的方向移动)。物体的温度越高,辐射出来的红外线越多,红外辐射的能量就越强。研究发现,太阳光谱的各种单色光的热效应从紫色光到红色光逐渐增大,而且热效应出现在红外辐射的频率范围内,红外辐射区的振动频率越接近物质的频率越容易引起物质的共振,热效应也越显著,因此人们又将红外辐射称为热辐射或者热射线。红外测温仪的测温原理是黑体辐射定律。众所周知,自然界中一切高于绝对零度的物体都在不停地向外辐射能量,物体向外辐射能量的大小及其波长的分布与它的表面温度有着十分密切的联系,物体的温度越高,所发出的红外辐射越强。

## 评价表

| 维度 | 评价内容 | 自我评价 | 同学评价 | 师长评价 |
|------|----------|----------|----------|----------|
| 物理观念 | 1.理解额温枪的测温原理,影响额温枪测温准确性的因素,额温枪测温的优缺点以及改进建议。 | ☆☆☆ | ☆☆☆ | ☆☆☆ |
| | 2.理解传感器的工作原理以及简单的应用。 | ☆☆☆ | ☆☆☆ | ☆☆☆ |
| 科学思维 | 1.通过常见温度计测温比较,知道额温枪在日常测温中的重要性。 | ☆☆☆ | ☆☆☆ | ☆☆☆ |
| | 2.应用所学传感器知识,自行设计红外温度报警器和光控开关。 | ☆☆☆ | ☆☆☆ | ☆☆☆ |
| 科学探究 | 1.通过实验,探究额温枪的最佳测温距离以及测温光照。 | ☆☆☆ | ☆☆☆ | ☆☆☆ |
| | 2.知道额温枪测温的工作原理。 | ☆☆☆ | ☆☆☆ | ☆☆☆ |
| | 3.学会利用传感器进行简单的电路设计。 | ☆☆☆ | ☆☆☆ | ☆☆☆ |
| 科学态度与责任 | 1.通过对影响额温枪测温因素的实验探究,体会科学探究的艰辛和严谨。 | ☆☆☆ | ☆☆☆ | ☆☆☆ |
| | 2.小组实验探究促进同学间的交流和相互合作,体会实验探究的乐趣。 | ☆☆☆ | ☆☆☆ | ☆☆☆ |
| | 3.能正确认识科学的本质,实事求是,通过多次对比、分析实验数据得出结论。 | ☆☆☆ | ☆☆☆ | ☆☆☆ |

续表

| 维度 | 评价内容 | 自我评价 | 同学评价 | 师长评价 |
|---|---|---|---|---|
| 项目学习反思 | | | | |

参考答案

任务一

【想一想】

1.水银温度计测量范围为35 ℃~42 ℃,其最小刻度为0.1 ℃。

误差来源:(1)测量位置不准确;(2)测量时间不够;(3)读数误差。

水银温度计在读数时,要将水银头朝左,玻璃管朝右,刻度面在上,竖直面在下,双眼注视刻度面和竖直面相交的棱,轻轻转动玻璃管,可见白面下的水银柱,水银柱顶端所达到的刻度数即为测量体温的度数。

2.额温枪使用方法:鼻梁之上,两眼中间部位相对测体表温度来说是最接近正常体温的放射源,把额温枪放于距此3 cm左右处测温。

精度为±0.3 ℃。

减小误差:(1)多测量几次。另,如被测人来自与测量环境温度差异较大的地方,被测人应在测量环境内停留5分钟以上,待与环境温度一致后再测量,否则将会影响测量结果。(2)给额温枪保温。建议:一是将其放置在温度适宜且干燥的保温箱中,轮换使用;二是将其放在取暖设备附近(注意不要高温烘烤),保温使用;三是将其放入衣物中用体温进行保温,或者给红外体温计贴上暖宝宝进行保温(要注意及时更换);四是将其放置于预测量的环境20分钟,待其稳定适应环境温度后再使用。(3)根据规范校准。可以到就近法定计量技术机构进行校准,如校准发现其测量数据误差较大、测量重复性差、性能不稳定等,建议停用。

优点:针对测量人体额温基准设计,使用非常简单方便。一键测温,1秒即可较准确测温,无激光点,免除对眼睛的潜在伤害,无需接触人体皮肤,可避免交叉感染。

不足及改进建议:由于额温枪仅限于测量物体外部温度,不方便测量物体内部和存在障碍物时的温度,所以可以在其检测头部加一段光导纤维,并在其前端装一个小视角的透镜,这样被测物体的辐射能经过透镜到达光导纤维内部,在光导纤维内经过多次反射传至检测器。因为光导纤维可以自由弯曲,使辐射能自由转向,这样可以测量有障碍物挡住的角落等地方的温度。

【做一做】

1.C

2.C

任务二

【做一做】

1.非电学量,电学量

2.放大

3.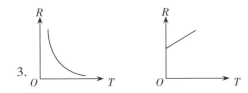

优点:热敏电阻,灵敏度高;金属热电阻,化学稳定性好,测量范围大。

作用:能够将温度这个热学量转化为电阻这个电学量。

4.(1)电饭煲盛上食材后,接上电源,$S_2$自动闭合,同时手动闭合$S_1$,这时黄灯短路,红灯亮,电饭煲处于加热状态,加热到80 ℃时,$S_2$自动断开,$S_1$仍闭合;饭熟后,温度升高到103 ℃时,开关$S_1$自动断开,黄灯亮,电饭煲处于保温状态。由于散热,待温度降至70 ℃时,$S_2$自动闭合,电饭煲重新加热,温度达到80 ℃时,$S_2$又自动断开,再次处于保温状态。

(2)12:1。

(3)不能。

5.(1)要安装这样的路灯自动控制装置,需要以下器材:光敏电阻、滑动变阻器、电磁继电器、灯泡、交流电源、开关和导线等。

(2)略

# 项目四 遥控是怎么做到的

◆问题◆

　　清晨起床,窗帘缓缓拉开。一缕柔和的阳光伴随着优美的钢琴曲洒在床褥上,一股清新的空气从窗外飘入房间。伸伸懒腰,拿起床头柜上放着的智能遥控器,在菜单中选择早餐的自动制作按钮。这时厨房的电器开始制作营养早餐。吃完早餐,关上门,所有的家电都已安全关闭,防盗系统开始运行······

　　这已不再是科幻电影中的场景了,现在已经有很多家庭开启了智能家居的生活,这是怎么做到的呢?

## 【任务一】 电磁波的产生、发射与接收

### 一、LC振荡电路

　　要产生持续的电磁波,需要变化的电磁场;要产生变化的电磁场,需要变化的电流。大小和方向都做周期性变化的电流,叫作振荡电流;能产生振荡电流的电路叫作振荡电路。

　　如图4-1所示电路中,当开关置于线圈一侧时,由线圈 $L$ 和电容器 $C$ 组成的电路,是最简单的振荡电路,称为 $LC$ 振荡电路。

　　当开关掷向线圈时,电容器开始放电后,由于线圈的自感作用,放电电流由零逐渐增大,同时电

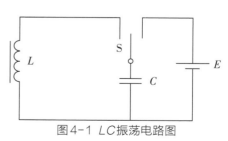

图4-1 $LC$ 振荡电路图

容器极板上的电荷逐渐减少。到放电完毕时,电容器极板上没有电荷,放电电流达到最大值。

电容器放电完毕时,由于线圈的自感作用,电流并不会立即减小为零,而要保持原来的方向继续流动,并逐渐减小。由于电流在继续流动,电容器在与原来相反的方向重新充电,电容器两极板带上相反的电荷,并且电荷逐渐增多。到反方向充电完毕的瞬间,电流减小为零,电容器极板上的电荷量达到最大值。

此后电容器再放电、再充电。这样不断地充电和放电,电路中就出现了大小、方向都在变化的电流,即振荡电流。

适当地选择电容器和线圈,就可以使振荡电路确定的周期符合需要。现代的实际电路中使用的振荡器多数是晶体振荡器,其工作原理与 $LC$ 振荡电路的原理基本相同。

振荡电路在空间某区域有周期性变化的电场,就会在周围引起变化的磁场,变化的电场和磁场又会在较远的空间引起新的变化的电场和磁场。这样变化的电场和磁场由近及远地向周围传播,形成了与振荡电路中电磁振荡的频率相同的电磁波。

## 二、持续电磁波的发射与接收

要有效地发射电磁波,必须满足两个条件,一是必须使振荡电路有足够高的振荡频率,二是振荡电路的电场和磁场必须分散到尽可能大的空间。

因此可将 $LC$ 振荡电路中电容器的两个极板拉开,增大电容器极板间的距离,减小极板间的正对面积,从而使电场和磁场扩展到电容器的外部,如图

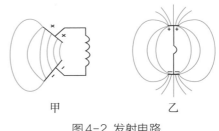

图4-2 发射电路

4-2甲所示。这样的振荡电路叫作开放电路。开放电路甚至可以演化成为一条导线,如图4-2乙所示,这样就可以有效地把电磁波发射出去。

电磁波在传播时如果遇到导体,会使导体中产生感应电流,从而实现了电磁波的接收。

想一想

理论分析表明,$LC$ 振荡电路的周期 $T$ 与自感系数 $L$、电容 $C$ 的关系为 $T = 2\pi\sqrt{LC}$,由

于周期跟频率互为倒数,故频率$f = \dfrac{1}{2\pi\sqrt{LC}}$。某同学自己绕制天线线圈,制作一个简单的收音机,用来收听中波无线电广播。他发现有一个频率最高的中波电台收不到,但可以接收到其他中波电台。为了收到这个电台,他应该增加还是减少线圈的匝数?说明理由。

# 【任务二】初识红外遥控技术

电磁波包括无线电波、红外线、可见光、紫外线、X射线、γ射线等。波长大于1 mm(频率低于300 GHz)的电磁波称为无线电波,并按波长(频率)划分为若干波段。红外线的波长比无线电波短,比可见光长,所有物体都发射红外线。遥控技术采用红外线或无线电波,目前普遍的遥控器一种是红外线遥控式,基于波长0.76~1.5 μm之间的红外线;另一种是无线电遥控式,由于其频段处于2.400 GHz~2.4835 GHz之间,所以常称为2.4 GHz无线遥控。

红外遥控器由发射与接收电路两部分构成,核心元件为红外发射管与红外接收管,简称为红外对管,如图4-3所示。红外发射管外表透明,与LED非常类似,红外接收元器件为黑色外壳,两者需要成对使用。

图4-3 红外对管

红外发射管类似发光二极管,但是它发射出来的是红外光,是我们肉眼所看不到的,红外发射管发射红外线的强度也会随着电流的增大而增强,红外接收管内部是一个具有红外光敏感特征的PN结,属于光敏二极管,但是它只对红外光有反应。无红外光时,光敏管不导通,有红外光时,光敏管导通,形成光电流,并且在一定范围内电流随着红外光强度的增强而增大。但是这种接收器件比较容易受到干扰,因此在设计电路时都使用专用的红外接收器件。

在了解了红外发射、接收电路后,我们先来做一个简单的红外遥控灯电路,其原理如图4-4所示。闭合开关,红外发射管发出红外线,红外接收管接收到红外线后,接收管导通,发光二极管发光。

为便于实验,我们采用常见的电子元器件,面包板及连接线如图4-5所示。面包板上面一

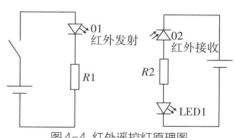

图4-4 红外遥控灯原理图

层是由行和列组成的网格,在面包板的上下两边各有两行,这两行习惯上作为电源的正负极插接处,同一行是导通的,上下两行是不导通的,在中间部分,同一列中每五个栅格作为一组,这五个栅格是导通的。但是行与行之间是不导通的。在最中间的位置有一条凹槽,用于隔断上下两部分。

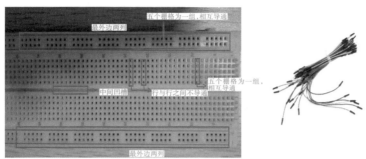

图4-5 面包板及连接线

根据如图4-6所示的红外遥控灯实验图,利用面包板连接好电路,如图4-7所示。将连接线插入面包板最上面一行任意位置,就可接通发射电路,观察到接收电路中红色二极管发光;断开发射电路,接收电路中红色二极管熄灭。

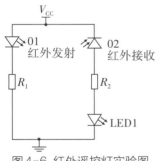

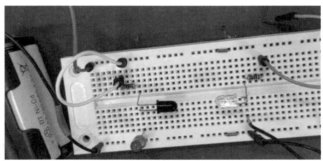

图4-6 红外遥控灯实验图          图4-7 红外遥控灯实物图

## 【任务三】多功能红外遥控技术的实现

在实际生活中,遥控不止开关两个功能,还可以实现各式各样的控制,那它是怎么做到的呢?

通用红外遥控系统由发射和接收两大部分组成,应用编码、解码专用集成电路芯片来进行控制操作。发射部分包括键盘矩阵、编码调制、LED红外发送器；接收部分包括光电转换放大器，解调、解码电路。红外遥控器是通过发送一定的控制信号来实现对电器的控制，这个控制信号就是一串红外脉冲编码信号。通过发送的不同编码脉冲来表示不同的功能按键信号，电器通过红外接收系统接收到编码脉冲，并进行解码执行相应的功能，这样就实现了红外遥控。

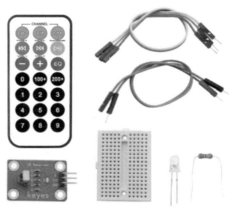

图4-8 调节LED亮度实验器材

我们以红外遥控器、红外接收模块实现调节LED亮度为例，来说明其工作机理。

为获得红外遥控器不同按键的红外脉冲编码以及定义功能，我们需要开源硬件，在这里我们采用Arduino板。通过遥控器实现调节LED亮度所用器材如图4-8所示。

如图4-9所示，将红外接收器与Arduino板用线连接，注意电源正负。打开Mixly（米思齐），在通信处点开红外通信接口，得到图4-10中框出的图像化代码。将Arduino板与电脑相连，上传以上代码到Arduino板，对准红外接收器，按压遥控器上的CH按键，可在串口监视器得到对应的代码，为FF629D，同样的方法可以得到按键CH+和CH-的代码分别为FFE21D和FFA25D。得到按键的代码后，我们需要给按键赋予功能。利用Mixly编辑图4-10所示代码，可实现按遥控器CH键将LED打开并保持某一亮度，按下CH+键可在原

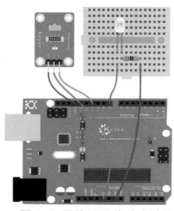

图4-9 调节LED亮度实验图

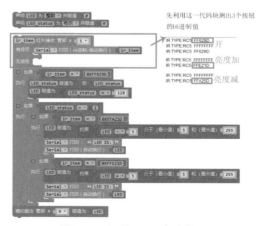

图4-10 调节LED亮度代码

来的基础上调亮 LED，之后每按一次 CH+键，其亮度均可增加，直至达到其最高亮度。同样按下 CH-键，则是在原来的基础上降低其亮度。

在完成代码后，将其上传到 Arduino 板，按下对应按钮，红外接收器接收信号，Arduino 则会执行这一按钮 Mixly 赋予的功能，从而实现控制 LED 亮度。

红外遥控通过发射系统发送不同红外脉冲编码信号，接收系统接收编码脉冲，并进行相应的解码，执行相应的功能。红外遥控技术涉及很多学问，需要专业的学习，而且有着广泛的应用和开发功能，感兴趣的同学可以在以后进一步了解与学习。

# 【任务四】 体验遥控无人机

现在无人机越来越普及，那你想不想自己遥控飞一次无人机呢？那我们先来了解下无人机的遥控器吧。

无人机遥控器如图 4-11 所示（每种无人机的遥控器各不相同，我们以其中一种为例），具体使用步骤如下。

1.将四旋翼无人机的开关调至"ON"，将遥控器的开关调至"ON"。

2.把遥控器的摇杆（如图 4-12），上、下、左、右摇杆推拉一下，进行配对，如果遥控器鸣一声，则视为配对成功。

3.推动摇杆，进行四旋翼无人机的控制。

4.拉杆推动练习，将左摇杆推上即为无人机向上飞，如果将左摇杆向下推则为下降，左右摇杆则为控制左右前进方向。

5.降落。右摇杆不要动，慢慢地将左摇杆向下拉，直至降落成功。

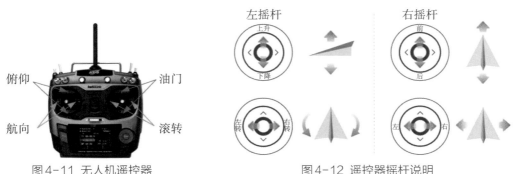

图 4-11 无人机遥控器　　　　　图 4-12 遥控器摇杆说明

#### 想一想

　　无人机在生产生活中应用越来越广泛，我们可以利用无人机做一些自己喜欢的、有意义的事，而无人机的控制需要用到遥控器。你知道无人机的遥控器和日常生活中（如电视机）用的遥控器的区别吗？你知道无人机在哪些领域有应用吗？

## 【任务五】七嘴八舌话遥控

　　遥控在我们生活的方方面面都有出现，带给我们方便的同时也有诸多不便，让我们畅所欲言，来讨论下我们生活中的遥控吧。

　　讨论一：家中各种各样的电器，如空调、电视等都配有遥控器，在使用过程中你有没有遇到问题？有哪些问题？为什么会出现这种问题？你是怎么解决的？

　　问题1：电视遥控器有时按了没反应，必须对着某一个方向才可以，有时别人挡住了电视，遥控器也失灵了。

　　问题2：家里客厅的空调忘关了，在卧室用遥控器不管用。

　　问题3：家里遥控器很多，能不能只用一个遥控器控制所有电器？

　　问题4：家里有的遥控器一段时间没用就找不到了，如再想开空调就很不方便，有没有解决的方法？

　　你还有其他问题吗？请记录在下方。

_____

　　解决问题：空调、电视遇到了问题1和问题2所述的问题，那大家的游戏手柄、无人机遥控器有没有遇到这种情况呢？空调、电视的遥控方式是红外遥控，这种遥控方式有什么优缺点？还有其他遥控方式吗？请记录在下方。

_____

　　针对问题3和问题4，现有一种新技术——手机遥控技术，点开你手机的应用商店，搜索一下，你会发现新大陆的。

　　讨论二：现在的汽车、摩托车等都有遥控钥匙，同一个厂家、同一个批号、同一个流水线生产出来的车遥控钥匙如何与车一一对应？

问题1:车钥匙丢了怎么办?

问题2:重新购买遥控钥匙该怎样选择?

解决问题:

_____

_____

如果还有其他疑问,请记录在下方空白处,并想办法解决。

_____

_____

【拓展资料】

## 智能家居是如何工作的

智能家居的必备系统之一智能家居控制管理系统是以住宅为平台,以家居电器及家电设备为主要控制对象,利用综合布线技术、网络通信技术、安全防范技术、自动控制技术、音视频技术将与家居生活有关的设施进行高效集成,构建高效的住宅设施与家庭日程事务的控制管理系统,提升家居安全性、便利性、舒适性、艺术性,并打造环保节能的居住环境。智能家居的控制主要有以下四种方式。

第一种,物理按键控制层面。比如,通过按一下窗帘开关,窗帘自动打开或者关闭,不需要再手动去拉窗帘。这种方式算是第一代智能家居,它不能远程控制。

第二种,通过App或者小程序控制。这种方式仍需手动控制,只是不再是物理按键。人们拿出手机或平板即可控制空调、电视、窗帘、灯光、扫地机器人等,也可以在办公室远程控制。

第三种,语音控制家电。这种方式需要语音入口,我们生活中常见的有小米智能音箱、天猫精灵等。人们只需动动嘴,就能控制家里的空调、电视、灯光、扫地机器人、窗帘等,甚至电饭煲、冰箱、晾衣架等都可以通过此方式控制。

第四种,各种感应设备通过识别人的状态进行控制。比如,感应设备识别到你回到家,就为你打开客厅的电视、灯光,关闭窗帘等;你到厨房,打开厨房的灯光;你到卧室,打开卧室的电视、灯光,关闭窗帘;晚上识别到你的睡眠状态,自动帮你把相关电器调整到睡眠模式。

+-----++-----++-----++-----++-----++-----++-----++++++++-----++-----++-----++-----++-----++-----+-+-+

　　智能家居是一个大系统,系统里各部分之间能够互联互通、逻辑联动,实现全屋家居的智能驱动。那么,智能家居是如何运行的呢? 智能家居运行的必要条件:控制中心、家庭网关、网络、智能设备;非必要条件:智能语音音箱。控制中心:用户通过控制中心对智能家居进行集中管控,目前控制中心的形式主要是 App。家庭网关:整套智能家居系统的核心设备,它将所有的设备连接在一起,可随时随地对其进行控制,有了网关,各种智能设备就可以进行逻辑联动,从而形成一个有机的整体。网络:智能设备需配网后方可对其进行智能管控。智能设备:例如智能开关面板、智能插座、万能遥控器等,用于改造家庭传统电器,将传统家电变为智能可控的家电。如果用户再配置语音音箱的话,则可以通过下达指令给智能音箱来实现智能控制。

## 评价表

| 维度 | 评价内容 | 自我评价 | 同学评价 | 师长评价 |
|---|---|---|---|---|
| 物理观念 | 1.能理解电磁波产生的原因以及发射、接收电磁波的条件。 | ★★☆ | ★★★ | ★★☆ |
| | 2.理解遥控的原理。 | ★★☆ | ★★☆ | ★★☆ |
| 科学思维 | 1.通过对比得到两种遥控方式的优缺点。 | ★★☆ | ★★☆ | ★★☆ |
| | 2.初步了解红外、无线控制的技术原理。 | ★★☆ | ★★☆ | ★★☆ |
| 科学探究 | 1.能够正确使用面包板、红外对管等电子元件完成实验。 | ★★☆ | ★★☆ | ★★☆ |
| | 2.初步了解开源硬件 Arduino 的使用。 | ★★☆ | ★★☆ | ★★☆ |
| | 3.能够利用智能设备做一个简单的智能家居,比如利用智能语音设备控制灯的开关、了解人体感应灯等。 | ★★☆ | ★★☆ | ★★☆ |
| 科学态度与责任 | 1.正确应用万能钥匙、万能遥控器等设备。 | ★★☆ | ★★★ | ★★☆ |
| | 2.通过对遥控技术的了解,能体会技术各有优劣,要充分应用、开发、创新技术以满足个性化需求。 | ★☆☆ | ★★★ | ★★★ |
| | 3.能认识科学探索中理论与实验研究的重要性,善于创新地运用新方法、新途径去解决项目学习过程中出现的新问题。 | ★★☆ | ★★★ | ★★☆ |
| 项目学习反思 | | | | |

―――+・+―――・+―――・+―――・+―――・+――+++++――・+―――・+――・+―――・+―――・+―――・+――・+―+・+

## 参考答案

任务一

【想一想】

为了接收到更高频率的电磁波,需要增大电磁波接收器的固有频率,电磁波接收器的固有频率 $f = \dfrac{1}{2\pi\sqrt{LC}}$,其中 $L$ 为线圈自感系数,线圈匝数越多,自感系数越大,现在需要减小线圈的自感系数,故应减少线圈匝数。

任务四

【想一想】

无人机通过 2.4G 无线电遥控。无人机使用的频段在 2.400 GHz 和 2.4835 GHz 之间,这个频段对应的使用技术称为 2.4G 无线技术。2.4G 无线传输是以电磁波形式进行的,属于直线传输。如果遇到障碍物,它可以穿透,但信号会被反向和衍射,导致其信号减弱。

日常生活中的遥控器(如电视机遥控器)采用的是红外遥控。红外遥控器是利用一个红外发光二极管,以红外光为载体来将按键信息传递给接收端的设备,红外光的脉冲频率普遍在 30 kHz 到 60 kHz 之间。红外遥控器一般使用的频率是 38 kHz,其传播距离短,易被障碍物阻挡,抗干扰性差。而 2.4G 无线电遥控有效地解决了红外线遥控的弊端,可360°无死角地操作,实现了全方位、立体式覆盖。

目前无人机在航拍、农业、植保、快递运输、灾难救援、观察野生动物、监控传染病、测绘、电力巡检、影视拍摄等诸多领域均有应用。

# 项目五 速度测量知多少

## 【任务一】 区分限速标志

### 一、概念准备

　　请你查阅资料,了解位移、路程、瞬时速度、平均速度、平均速率的概念,并填写在下面。

　　位移:＿＿＿＿＿＿＿＿＿＿＿＿＿＿＿＿＿＿＿＿＿＿＿＿＿＿＿＿＿＿＿

　　路程:＿＿＿＿＿＿＿＿＿＿＿＿＿＿＿＿＿＿＿＿＿＿＿＿＿＿＿＿＿＿＿

　　瞬时速度:＿＿＿＿＿＿＿＿＿＿＿＿＿＿＿＿＿＿＿＿＿＿＿＿＿＿＿＿

　　平均速度:＿＿＿＿＿＿＿＿＿＿＿＿＿＿＿＿＿＿＿＿＿＿＿＿＿＿＿＿

　　平均速率:＿＿＿＿＿＿＿＿＿＿＿＿＿＿＿＿＿＿＿＿＿＿＿＿＿＿＿＿

### 二、认一认

　　随着汽车数量的增多,出行变得越来越方便,但是交通问题也越来越明显。交通事故的发生很多与超速有关。为了保障交通安全,不超速行驶,首先你得认识常见的限速交通标志,如图5-1所示。

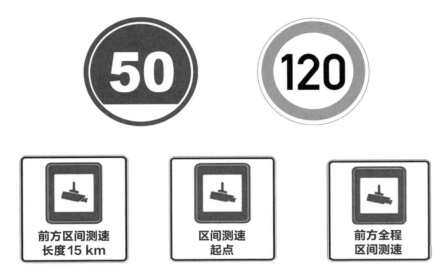

图5-1 常见的限速和测速提醒标志

当你在公路上看到如图5-2所示的这种限速标志，它就是瞬时速度。在这里，速度必须不高于60 km/h，否则会超速。

如图5-3所示，所谓区间测速是在同一路段上布设两个相邻的监控点，基于车辆通过前后两个监控点的时间以及

图5-2 限速标志

图5-3 区间测速标志

车辆在该路段上的里程，计算行驶平均速率，并依据该路段的限速标准判定车辆是否超速。区间测速就是由计算平均车速的原理来的，通过测算距离与通行时间换算出平均速度，判断是否超速。

**做一做**

1.（单选）2022年，北京冬奥会取得了圆满成功，开启了中国冰雪运动的新时代。如图5-4所示是北京冬奥会雪车赛道，总长1975 m，设计最高速度是134.4 km/h。其中"1975 m"和"134.4 km/h"分别是指（　　）。

图5-4 北京冬奥会雪车赛道

A.路程、瞬时速度        B.路程、平均速率

C.位移、瞬时速度        D.位移、平均速度

2.(多选)交通安全人人参与,人人有责,做一个有交通安全常识的合格交通参与者是每一位中学生的职责。请你选出对如图5-5所示的交通标志含义理解正确的选项(    )。

图5-5 交通标志

A.小客车道速度不得高于100 km/h

B.小客车道速度不得高于80 km/h

C.大型车道速度不得低于60 km/h

D.小型车道速度不得高于70 km/h

# 【任务二】探究利用DIS和光电门测速度

## 一、概念准备

DIS是英文"Digital Information System"的缩写。在物理学中有很多物理量,如距离、位移、力、速度、温度、压强、电流、电压等都可以用DIS进行测量,再通过传感器转化为电信号输入计算机进行处理。

## 二、元件的作用

传感器:可以测量距离、位移、力、速度、温度、压强、电流、电压等物理量,并将物理量转化为相应的电信号。

数据采集器:将传感器采集到的各种电信号进行处理后输入计算机。

计算机:将数据采集器输入的信号(实验数据),通过软件进行分析处理,并以多种形式实时显示在计算机屏幕上。

## 三、光电门测速度的原理

把通过光电门(如图5-6所示)时物体的运动视为匀速直线运动,利用极短时间的平

均速度替代瞬时速度。在如图5-7所示的装置中,根据速度公式可知,只要测出挡光片的宽度和物体通过光电门的时间(即挡光片的挡光时间),即可测定物体的速度。

图5-6 光电门

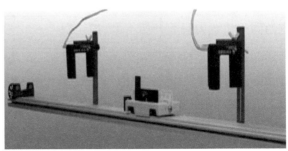

图5-7 物体通过光电门示意图

### 四、实验:用DIS传感器测瞬时速度

**实验目的**

1.学会用位移传感器测位移。

2.学会测量瞬时速度。

3.研究变速直线运动物体的 $s-t$ 图,并从中求出物体的位移和速度。

**实验原理**

根据瞬时速度的定义:在运动时间极短的情况下,平均速度近似等于物体的瞬时速度,光电门感应器可以测出挡光片通过光电门的路程及时间,这段时间极短,可以用于近似计算瞬时速度。

**实验器材**

位移传感器、数据采集器、计算机(装有DISLab实验软件)、小车、长导轨、光电门传感器、挡光片。

**实验步骤**

1.在小车的中心位置装上固定挡光片,将光电门传感器固定在轨道侧面,垫高轨道的一端,使装有固定挡光片的小车能够顺利通过并能挡光。

2.开启电源,运行DIS应用软件,点击"实验条目"中的"用DIS测瞬时速度",界面如图

5-8所示。

3.点击"开始记录",依次将不同宽度的挡光片固定在小车上,让小车从轨道的同一位置由静止开始下滑,记录四次挡光的时间,DIS实时计算出小车通过光电门时的平均速度,把得到的数据填入界面空格中。

| 次数 | 挡光片宽度 $\Delta s$/m | 通过光电门时间 $\Delta t$/s | 速度 $v$/m·s$^{-1}$ |
|---|---|---|---|
| 1 | 0.080 | | |
| 2 | 0.060 | | |
| 3 | 0.040 | | |
| 4 | 0.020 | | |

$$v=\frac{\Delta s}{\Delta t}$$

开始记录 停止记录 清除本次数据

图5-8 利用DIS应用软件统计数据截图

### 实验结论

对实验数据进行分析,可知挡光片的宽度逐渐减小时,测得的速度值越来越趋近于小车经过挡光片所在位置的瞬时速度。

### 注意事项

1.在测平均速度时应选用位移传感器,实验时轨道略有倾斜,让小车加速下滑从而得到相应的 $s$-$t$ 图像,如图5-9所示。然后点击不同的"选择区域"得到相应的平均速度值,可以发现,选取不同的时间段得到的平均速度值往往是不同的。增大轨道倾角并重复实验,可发现同样的时间段内的平均速度值会增大。

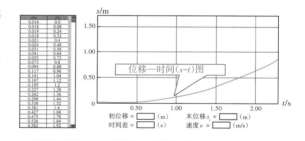

开始记录 停止记录 数据点连线 选择区域 $v$-$t$图像 $s$-$t$图像

图5-9 DIS绘制的位移-时间($s$-$t$)截图

2.测物体的平均速度和瞬时速度的DIS实验中,轨道稍倾斜,使物体做变速直线运动。轨道下面垫的东西不能太高,否则速度太快会影响实验结果。

3.从理论上讲,挡光片的宽度 $\Delta s$ 越窄,平均速度 $v=\Delta s/\Delta t$ 越接近瞬时速度,但实际上当 $\Delta s$ 变窄时,挡光时间 $\Delta t$ 也相应变小。如 $\Delta t$ 过小,由于光电门传感器本身存在的误差,使得 $\Delta t$ 的误差所占的相对比例增加,从而导致测量误差增大。

///// 想一想 /////

1.用DIS测物体的瞬时速度时,用不同宽度的挡光片固定在小车的中心位置,为什么每次都需要由同一个位置静止下滑?

2.用DIS测物体瞬时速度时,为使测量值接近真实值,挡光片的宽度是越宽越好还是越窄越好?

# 【任务三】探究自行车斜坡下行的速度变化

赛道上,赛车手停止蹬脚踏板,让自行车从斜坡顶部由静止自由向下运动,整个下行过程中他感觉到自行车的速度越来越快,自行车到达坡底时速度达到最大。

## 【探究目的】

探究自行车下坡时,下行的速度变化。

## 【探究原理】

利用物体在斜面上做下滑运动模拟自行车的下坡运动。在匀加速直线运动中,物体发生的一段位移,其平均速度等于这段时间中间时刻的瞬时速度。

## 【探究器材】

一块前端有挡板的长木板(长约2.2 m)、小车、刻度尺、垫木。

## 【探究步骤】

1.按照如图5-10所示安装好实验器材,并在木板上标记出相距比较远的$A$、$C$两点,量出$AC$位移,标记出$AC$位移的中点$B$。

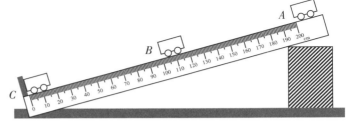

图5-10

2.让小车从位置$A$由静止开始下滑,同时打开秒表计时,记录小车到达$B$点和$C$点的时间。

3.用公式$v=s/t$分别求得$AC$与$AB$运动过程的平均速度。

4.比较 $AC$ 段和 $AB$ 段的平均速度。

5.改变长木板的倾斜度,重复上述步骤,并将数据记录在表5-1中。

## 【数据记录和处理】

表5-1 数据记录表

| 次数 | 位移 | 时间 | 平均速度 |
|------|------|------|----------|
| 第1次 | $AC$ 段 | | |
| | $AB$ 段 | | |
| 第2次 | $AC$ 段 | | |
| | $AB$ 段 | | |
| 第3次 | $AC$ 段 | | |
| | $AB$ 段 | | |
| 第4次 | $AC$ 段 | | |
| | $AB$ 段 | | |

## 【探究结论】

你得到的探究结论是什么?

## 【注意事项和误差分析】

1.改变斜面的倾斜角度,又进行了3次实验,实验时,斜面倾斜的角度不能太大,否则小车下滑的速度太快,不方便测量时间。

2.一定要确保在小车刚到达终点时停止计时,如果小车过了终点才停止计时,会导致测量时间偏大,最终计算得到的平均速度偏小;如果小车未到达终点就停止计时或小车运动后才开始计时,则会导致所测量时间偏小,最终计算得到的平均速度偏大。

3.使用刻度尺之前要注意三个基本要素。第一,要根据所测量物体的长度选择量程合适的刻度尺,本次实验选择量程为1 m的刻度尺;第二,要根据实验要求选择分度值合适的刻度尺,本次实验使用的刻度尺分度值是0.01 m;第三,要确定零刻度线位置,如果零刻度线磨损,可以从刻度清楚的地方选择一条线作为起始刻度线。

## 【任务四】 探究手机频闪照相测小球自由下落速度

专业的频闪技术是在同一张底片上间隔相等的时间多次曝光获得的,也就是在同一相片上显示一个物体在不同时刻的位置,其效果就好像将不同时刻所拍的透明相片重叠在一起,得到一幅在同一个画面内有不同时刻物体影像的频闪相片。

### 一、实验目的

练习使用手机录像功能模拟频闪照相研究自由落体运动,通过实验熟悉自由落体运动的规律,会运用自由落体运动的规律计算自由落体运动的速度。

### 二、实验原理

自由落体运动属于匀加速直线运动,适用匀变速直线运动的规律,一段位移中间时刻的瞬时速度等于发生这段位移的平均速度。

### 三、实验器材

刻度尺、小球、手机、三脚架,如图5-11所示。

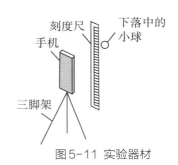

图5-11 实验器材

### 四、实验步骤

1.把刻度尺竖直固定在墙上。

2.手机固定在三脚架上,调整好手机镜头的位置。

3.打开手机摄像功能,开始摄像。

4.捏住小球,从刻度尺旁由静止释放。

5.多次重复录视频。

6.选取一段清晰的视频,每隔相同时间在视频中截取一帧画面,读取小球的位置,记录在表5-2中。

## 五、记录与处理数据

表5-2 数据记录表

| 相点数(第几个相点) | 与第一个相点的距离 | 瞬时速度 |
|---|---|---|
| 1 | | |
| 2 | | |
| 3 | | |
| 4 | | |
| 5 | | |
| 6 | | |

## 六、误差分析

1.由于空气阻力会使小球的下落加速度小于重力加速度,小球的运动并非真正的自由落体运动。

2.刻度尺读数时,读数不准确导致的误差。

### 想一想

1.有乒乓球、小塑料球和小钢球,其中最适合用作实验中下落物体的是哪一种? 请说出理由。

2.如何减少刻度尺读数造成的偶然误差?

3.如果已知小球的直径,视频中小球下落的路线中没有放置刻度尺,我们能不能按照小球实际直径与录像中的尺寸的比例关系,测出小球下落的位移?

# 【任务五】 利用废弃纸盒和笔芯自制圆周运动测速仪

圆周运动的速度方向沿着轨迹的切线方向,你能自己设计实验仪器来验证吗? 圆周运动的速度大小怎么计算? 这些我们都可以用日常生活中容易找到的物品制作一种简单的装置来解决。下面就一起动手吧!

## 一、实验目的

1.研究圆周运动的速度方向。

2.计算圆周运动的速度大小。

## 二、实验原理

1.牛顿第一定律:一切物体在没有受到力的作用时,总保持匀速直线运动状态或静止状态。物体这种保持原来匀速直线运动状态或静止状态的性质叫作惯性。牛顿第一定律也叫惯性定律。本实验将根据惯性来研究圆周运动速度的方向。

2.平抛运动的运动规律:将平抛运动分解到水平和竖直方向,水平分运动为匀速直线运动,竖直分运动为自由落体运动。本实验根据平抛运动的这一规律计算平抛的初速度,即圆周运动的线速度大小。

## 三、实验器材

废弃木箱、泡沫块、废旧圆珠笔芯2支、废旧药品小瓶、水。

## 四、实验过程

1.先在木料上面钻孔1(如图5-12①所示),并在孔1的竖直正下方钻孔2,让1支笔芯a穿过孔1和孔2(如图5-12②所示)。

2.将另一支笔芯b剪去一段,中间穿孔,将笔芯a的笔头穿过笔芯b的中间小孔(如图5-12③所示)。将泡沫块置于木料下,这样不仅可以起到防震作用,还可为下层留出足够的空间,方便观察速度方向(如图5-12④所示)。

一个简易的圆周运动测速仪实验装置就制作成功了。

①

②
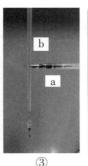
③
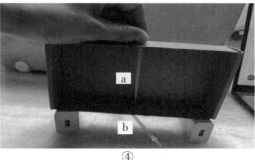
④

图5-12 实验过程图

### 五、实验步骤与效果显示

1.自制的注水器。将笔芯的头去金属笔尖（如图5-13①②所示）；切去药品小瓶喷嘴的一小段（如图5-13③所示），组合为注水器（如图5-13④所示）。

2.用自制的注水器吸水，并向笔芯b注水。

3.实验装置按如图5-12④所示方式放置。实验前先画一个圆（直径约为笔芯b的长度），用手转动笔芯a，此时笔芯b与桌面接触。实验效果如图5-14①所示，水迹差不多沿着

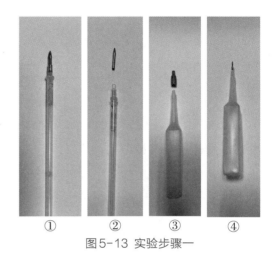

图5-13 实验步骤一

圆周的切线方向，这说明圆周运动的某点速度方向为沿着该点的切线方向。

4.将笔芯按红色标记向上拔移一格，上升4 mm，如图5-14②所示。为方便计算，事先在笔芯上按每4 mm一格画好刻度，如图5-14③所示。用手转动笔芯a，此时笔芯b不再和桌面接触，轨迹是一个半径大一些的圆，如图5-14④所示。

5.在草稿纸上画出效果图，分别测量出$R$、$r$和$x$，其中，$x$为水滴做平抛运动的水平位移，如图5-14⑤⑥所示。

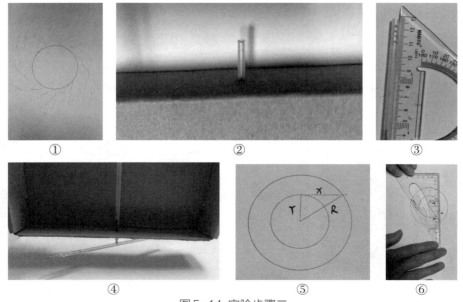

图5-14 实验步骤二

6.数据处理:水平位移$x = v_0 t$,竖直位移$y = \frac{1}{2}gt^2$,水滴在地面上形成的圆的半径$R = \sqrt{x^2 + r^2}$,联立以上方程,可以解得$v_0 = \sqrt{\frac{(R^2 - r^2)g}{2y}}$,这实际上就是步骤(3)中圆周运动的某点线速度的大小。

这个简易的圆周运动测速仪,可以简洁快速地看出,圆周运动的某点速度方向为沿该点的切线方向,也可以引导同学们计算圆周运动的某点速度的大小。

**六、反思与改进**

创新点:此实验所用的器材简单,制作方便,效果明显,能够实现同学们自主实验。

需改进:该实验效果图不太清晰,是因为实验用的是清水,而水干后难以留下清晰的痕迹,故可以在清水中加点墨水,这样水干后,其痕迹仍在。

## 【任务六】利用圆周运动临界条件研究自行车过弯的最大速度

**一、研究背景**

某学校旁有一个弯道,是大部分同学上学和放学的必经之道。有不少同学骑车经过这个弯道时摔倒。为了使同学们在弯道安全地行驶,防止意外发生,我们应该让同学们知道自行车在该弯道行驶的最大速度。为此,我们将这个问题作为开展探究活动的课题进行了研究。

**二、探究过程**

1.影响自行车弯道行驶最大速度的因素猜测

根据骑车经验和理论分析,影响自行车弯道行驶最大速度的因素有很多,如转弯半径、轮胎与地面的动摩擦因数、轮胎的新旧、路面平整程度、有无砂粒、天气状况、骑车人技术等。其中主要因素为转弯半径大小和轮胎与地面的动摩擦因数,其他因素由于具有不确定性可归结为次要因素。根据现实情况,我们决定用实地骑车体验的方法进行探究。

**2.实地测量计算**

假设弯道路面为水平的水泥路面。

(1)取弯道的一段弧,测得其对应弦长为$l$=5 m。

(2)取弦中心,垂直于弦测得弦与弧的距离为$h$=0.32 m。

(3)按比例画出如图5-15所示的示意图。

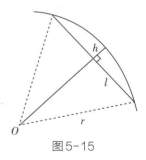

图5-15

将测量的数据$l$=5 m、$h$=0.32 m代入公式:$r^2 = \dfrac{l^2}{2} + (r - h)^2$中,计算得到该处弯道半径$r$=9.92 m。

**3.理论分析**

自行车转弯的过程可以视为匀速圆周运动,地面对车胎的静摩擦力提供向心力,当静摩擦力达到最大静摩擦力即$f=f_m≈\mu mg$时,自行车的速度达到弯道行驶的最大速度。根据牛顿第二定律得$\mu mg = m\dfrac{v^2}{r}$,把数据$\mu$=0.71,$g$=9.8 m/s$^2$,$r$=9.92 m,代入上式得$v=\sqrt{0.71 \times 9.8 \times 9.92}$ m/s=8.31 m/s=29.92 km/h。

所以,同学们在骑自行车转弯时行驶的最大速度不能超过8.31 m/s,即29.92 km/h。超过这个最大速度,自行车就会做离心运动,发生摔倒现象。

**4.情况讨论与实地验证**

请一名专业车手验证,定性结论如下:

(1)路面状况相同,山地自行车比普通自行车的最大速度值要大。

(2)路面状况相同,轮胎为旧轮胎时,最大速度值减小。

(3)同一辆自行车,路面湿滑的时候,最大速度值减小。

(4)给路面撒上细沙,骑车通过弯道的最大速度值急剧减小。

(5)由结论$v = \sqrt{\mu gr}$可知,当$r$减小时,$v$也减小。实地骑车体验:当急转弯($r$很小)时,最大速度值很小,容易摔倒。

**5.研究结果**

骑普通自行车转弯时行驶的最大速度不能超过8.31 m/s,即29.9 km/h。骑车通过弯道的最大速度值还受路面状况、转弯半径大小、天气状况、轮胎新旧等许多因素影响,特别是在路面有细沙、路面湿滑情况下,通过弯道的最大速度值急剧减小,应减速慢行,否则容易摔倒,造成交通事故。

### 6.探究活动体会

这次探究活动过程我们还上网查阅了有关弯道行驶的交通事故案例,查阅了不同交通工具转弯时的最大速度以及采取什么样的措施才能保证安全,对各种交通工具转弯时的速度有了大致的了解。这次探究活动过程使我们深切地体会到,要解决一个看似平常而简单的生活小问题,得到完整的实验结果,这不是轻而易举就能获得的,需要我们具有独立分析、判断、发现的能力,需要我们有严谨、认真的科学态度。当我们实地骑车验证了推测的结果时,我们深切地感受到科学知识在日常生活中起着重要作用,我们有能力用学到的知识去探究、解决生活及其他方面遇到的问题,我们为此感到高兴。本次探究活动具有一定的实际意义,对提高学生的交通安全意识起到了积极作用。

## 三、学生任务

1.提出你对上述探究方案的改进意见或者你的不同测量方案。

2.通过以上的实验,请说一说你在交通安全方面都有哪些体会?

## 【拓展资料】

### 高速公路上雷达如何测速

目前雷达测速的原理为多普勒效应。多普勒效应是为纪念奥地利物理学家、数学家克里斯琴·约翰·多普勒而命名的。他于1842年首先提出了这一理论,其主要内容为物体辐射的波长因为波源和观测者的相对运动而产生变化。当运动在波源前面,波被压缩,波长变得较短,频率变得较高(蓝移);当运动在波源后面时,会产生相反的效应,波长变得较长,频率变得较低(红移)。波源的速度越高,所产生的效应越大。根据波红(蓝)移的程度,就可以计算出波源循着观测方向运动的速度。

多普勒效应指出,波在波源移向观察者时接收频率变高,而在波源远离观察者时接收频率变低。当观察者移动时也能得到同样的结论。但是由于当时缺少实验设备,多普勒没有用实验验证。后来有人请一队小号手在平板车上演奏,再请训练有素的音乐家用耳朵来辨别音调的变化,以验证该效应。假设原有波源的波长为$\lambda$,波速为$c$,观察者移动速度为$v$:当观察者走近波源时观察到的波源频率为$(c+v)/\lambda$,如果观察者远离波源,则观察到的波源频率为$(c-v)/\lambda$。一个常被使用的例子是火车的鸣笛声,当火车接近观察者时,其鸣笛声会比平常更刺耳。同样的情况还有警车的警报声和赛车的发动机声等。

在交通方面,交警用测速雷达向行进中的车辆发射已知频率的超声波,同时测量反射波的频率,根据反射波的频率变化的多少就能知道车辆的速度。装有多普勒测速仪的监视器有时就装在公路的上方,在测速的同时把车辆车牌号拍摄下来,并把测得的速度自动打印在照片上。

现在你知道高速公路上的雷达是怎么测速了吧。

## 评价表

| 维度 | 评价内容 | 自我评价 | 同学评价 | 师长评价 |
|---|---|---|---|---|
| 物理观念 | 1.能理解瞬时速度、平均速度、平均速率的概念,明确圆周运动公式和牛顿运动定律的内涵。 | ★★☆ | ★★★ | ★★☆ |
| | 2.能用瞬时速度的定义式解释光电门测速器测速度的工作原理。 | ★★☆ | ★★★ | ★★☆ |
| | 3.能用匀变速直线运动的规律解释频闪照相机测瞬时速度的工作原理。 | ★★☆ | ★★☆ | ★★☆ |
| 科学思维 | 1.能在自行车下行、转弯等问题情境中,运用匀变速直线运动、圆周运动以及牛顿运动定律等物理知识解决实际问题并建构物理模型。 | ★★☆ | ★★☆ | ★★☆ |
| | 2.能综合应用数学、物理、工程和技术等跨学科知识分析物理问题,通过分析和推理合理解释匀变速直线运动和圆周运动的实验结论。 | ★★☆ | ★★☆ | ★★☆ |
| 科学探究 | 1.能完成"探究自行车斜坡下行的速度变化""利用圆周运动临界条件研究自行车过弯的最大速度"等项目任务,并能分析其物理现象,提出项目学习中遇到的问题。 | ★★☆ | ★★☆ | ★★☆ |
| | 2.能在他人帮助下制订项目方案;能根据项目提供的器材制作物理模型,并开展探究活动;会设计表格,获取项目数据并记录在表格中。 | ★★☆ | ★★★ | ★★☆ |
| | 3.能对"利用圆周运动临界条件研究自行车过弯的最大速度"等实验数据进行分析,在项目报告中呈现项目研究的图表,并交流展示成果。 | ★★☆ | ★★★ | ★★☆ |
| 科学态度与责任 | 1.通过"利用废弃纸盒和笔芯自制圆周运动测速仪"项目学习,能体会科学家探索科学真理的艰辛和科学研究的价值。 | ★★☆ | ★★☆ | ★★☆ |
| | 2.能积极参加小组活动,主动交流,合作完成项目任务,和他人分享物理学习的乐趣与物理之美。 | ★★☆ | ★★★ | ★★★ |

| 维度 | 评价内容 | 自我评价 | 同学评价 | 师长评价 |
|---|---|---|---|---|
| | 3.能认识科学探索中的理论与实验研究的重要性,善于创新地运用新方法、新途径去解决项目学习过程中出现的新问题。 | ☆☆☆ | ☆☆☆ | ☆☆☆ |
| 项目学习反思 | | | | |

## 参考答案

任务一

【做一做】

1.A

2.AC

任务二

【想一想】

1.保证到光电门时速度相同,以便得出挡光片宽度对实验结果的影响。

2.越窄越接近真实值。

任务四

【想一想】

1.小钢球。

2.多测几次求平均值。

3.测出视频截图中小球位移,按照比例关系,可以计算出实际位移。

# 项目六　手机充电宝初探

◆问题◆

手机充电宝是大家熟知的移动电源,几乎成了大家必备的电子产品。我们在乘坐飞机时,中国民用航空局对于充电宝的携带有明确的规定,你知道这是为什么吗? 手机充电宝是怎样工作的呢? 如何确定手机充电宝的性能? 让我们一起来看看吧!

## 【任务一】 了解手机充电宝的参数

如图6-1所示的手机充电宝是一种集供电和充电功能于一体的便携式充电器,可以给手机等数码设备随时随地充电。一般由锂电芯或者干电池作为储电单元。

手机充电宝自身的充电插头可以通过交流电源对移动设备充电,储存电能,也可以对手机等移动设备充电,释放电能。相比于备用电源而言,它可以简化为一个充电插头;而相比于充电器,它自身又具有存电装置,可以给数码产品提供备用电源。

图6-1 手机充电宝

充电宝也叫移动电源或外置电池、后备电池、数码充电伴侣等。移动电源这个概念是随着数码产品的普及和快速增长而发展起来的,它的作用就是随时随地给手机或数码产品提供充电功能。

## 一、手机充电宝的参数

### 产品参数

| | | | |
|---|---|---|---|
| 产品型号 | PLM10ZM | 电池类型 | 锂聚合物电芯 |
| 电池能量 | 5 000mAh 3.7V(18.5Wh) | 额定容量 | 3 300mAh 5.1V(TYP 1A) |
| 输入接口 | Micro-USB | 输出接口 | USB-A |
| 输入参数 | 5.0V⎓2.0A | 输出参数 | 5.1V⎓2.1A |
| 工作温度 | 0℃~40℃ | 产品尺寸 | 127mm×68.9mm×10.7mm |

图6-2 充电宝及其铭牌

充电宝的铭牌上标注有充电宝的基本信息,体现了充电宝的基本参数,这些参数主要包括电池能量、额定容量、输入输出电流和电压、充电时间等,如图6-2所示。

## 二、思考与讨论

作为电源,充电宝的性能是通过哪些指标体现的?

#### ///  做一做  ///

某移动充电宝部分参数如图6-3所示,放电容量=标称放电的电流×时间。如一种12 V铅蓄电池容量为8 A·h,这个电池以0.8 A恒流放电可以工作10 h。则此充电宝输出功率是多大? 正常放电时间应是多少小时?

| |
|---|
| 质　　量:245 g |
| 放电容量:45 000 mA·h |
| 输出电压:5 V |
| 输出电流:500 mA |

图6-3 充电宝部分参数

## 【任务二】回忆电动势和内电阻的测量

### 一、回忆闭合电路欧姆定律,测量干电池的电动势和内电阻

根据图6-4和图6-5复习电源电动势、闭合电路欧姆定律以及测电源电动势和内电阻的相关知识。手机充电宝作为手机移动电源,上述相关知识是否对其适用?

回忆利用实验数据求$E$、$r$的处理方法:

列方程求解：由 $U=E-Ir$ 得 $\begin{cases} U_1 = E - I_1 r; \\ U_2 = E - I_2 r_\circ \end{cases}$

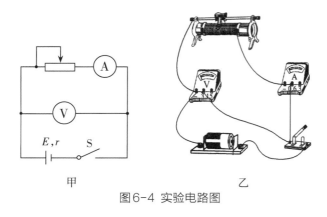

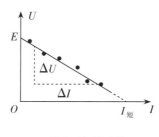

图6-4 实验电路图

图6-5 $U$-$I$图

## 二、思考与讨论

上述原理适用于测量干电池的电动势和内电阻的实验,那测量水果电池的电动势和内电阻应在上述实验设计的基础上进行怎样的修改? 与测量干电池的电动势和内电阻的区别在哪里? 测太阳能电池的内电阻呢?

### 做一做

测量水果电池的电动势和内电阻。将一铜片和一锌片分别插入一个苹果内,就构成了简单的水果电池,测得其电动势约为 1.5 V。可是这种电池并不能点亮额定电压为 1.5 V,额定电流为 0.3 A 的小灯泡。原因是流过小灯泡的电流太小了,经实验测得不足 3 mA。现用量程合适的电压表、电流表、滑动变阻器、开关、导线等实验器材尽量精确地测定水果电池的电动势和内电阻。

1.请画出适用的电路图。

2.若给出的滑动变阻器有两种规格：A(0~30 Ω),B(0~3 kΩ)。实验中

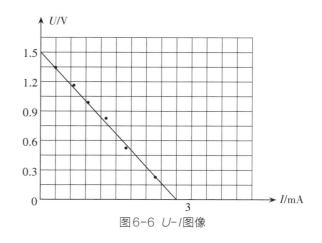

图6-6 $U$-$I$图像

应该选用哪种规格的滑动变阻器呢?

3.实验中根据电压表的示数 $U$ 与电流表示数 $I$ 的值,经描点得到了一幅 $U$–$I$ 图像,如图6-6所示。求出水果电池的电动势与内电阻分别为 $E=$_____ V;$r=$_____ $\Omega$。(保留两位有效数字)

4.若不计测量中的偶然误差,用这种方法测出的电动势和内电阻的值与真实值相比电动势 $E$(        ),内电阻(        )。(填"偏大""相等""偏小")

# 【任务三】 充电宝在不同电量时的电动势和内电阻的测量

## 一、问题提出

随着智能手机耗电的增加,充电宝成了手机及时充电的一种重要选择。在人们心目中,充电宝就成为跟蓄电池和干电池一样的可移动直流电源。电池的电动势会随着电池的不断供电而有所减小,内电阻会随之增大,充电宝是否也是如此呢? 如果是这样,充电宝所显示的电量百分比达到多少时,它的电动势就会减小到低于额定值而不能正常工作呢? 这是一个很有实际意义的问题。我们一起来研究吧。

## 二、实验原理

一般锂电池的输出电压为 3.7 V,但充电宝的输出电压能达到 5 V,这是由于充电宝中有相应的升压和稳压电路,充电宝并不是一个单纯的锂电池。充电宝的电动势和内电阻,是本任务要研究的问题。

人们使用充电宝时,关心的是充电宝作为一个电源所表现的电路特性。那么充电宝的电动势,也应从充电宝的电路特性角度来判断。于是我们将充电宝作为一个电源,研究它对负载供电时,其路端电压 $U$ 和电流 $I$ 的关系是不是跟一般电池一样,即其 $U$–$I$ 图像是否为一条直线。如果是一条直线,则表明其电路特性跟普通电池一样,具有电动势和内电阻。

### 三、实验器材

实验电路图如图6-7所示。电路中的电源为充电宝,通过充电宝的连接线接入电路;两个数字多用表分别作为电压表和电流表;滑动变阻器 $R$ 用于改变电路中的电流;$R_0$ 为保护电阻,防止滑动变阻器调节过度导致短路。剥开充电宝连接线的外绝缘层,里面有四根导线,红导线为充电宝的正极,黑导线为负极,其余两根导线空置不用。

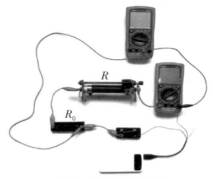

图6-7 实验电路图

### 四、实验步骤

1.记录被测充电宝实验时的电量百分比(开始时的电量百分比为100%)。

2.按电路图连接实物电路,将滑动变阻器电阻调至最大。

3.闭合开关,依次减小滑动变阻器的阻值,记录每次操作时电流表和电压表的示数,将示数记录在表6-1中。

表6-1 数据记录表1

| 电量百分比<br>（100%） | 序号 | 1 | 2 | 3 | 4 | 5 | 6 | 7 | 8 |
|---|---|---|---|---|---|---|---|---|---|
| | 电流 $I$ / A | | | | | | | | |
| | 电压 $U$ / V | | | | | | | | |

4.根据以上数据作出 $U–I$ 图像,从中可以看到电动势和内电阻的关系。

5.当充电宝电量百分比分别为80%、60%、40%、20%、5%时,重复上述实验操作,得到不同电量百分比下各组 $U$、$I$ 的实验数据,把这些数据填在表6-2中。

表6-2 数据记录表2

| 电量百分比<br>（80%） | 序号 | 1 | 2 | 3 | 4 | 5 | 6 | 7 | 8 |
|---|---|---|---|---|---|---|---|---|---|
| | 电流 $I$ / A | | | | | | | | |
| | 电压 $U$ / V | | | | | | | | |

续表

| | 序号 | 1 | 2 | 3 | 4 | 5 | 6 | 7 | 8 |
|---|---|---|---|---|---|---|---|---|---|
| 电量 | 电流 $I$ / A | | | | | | | | |
| （60%） | 电压 $U$ / V | | | | | | | | |
| ... | | | | | | | | | |

6.重复步骤4,根据以上数据作出充电宝在不同电量下的 $U$-$I$ 图像,从中可以看到充电宝在不同电量百分比时的电动势和内电阻的关系。

### 想一想

在研究充电宝内电阻的特点时,我们根据 $U$-$I$ 图像,可以得出什么结论?

### 做一做

随着移动电器使用频率的提高,很多人会遇到移动电器电量不足的问题,充电宝可以很好地解决这个问题。充电宝是方便易携带的移动电源,但如果使用不当,它也会成为一颗"不定时炸弹"。

充电宝基本都是由多个锂电池并联组成的,并联的锂电池越多,充电宝的额定能量就越大,危险程度也就越高。充电宝中的锂经过特殊处理被封装在一个密封的坚硬的壳内,正常情况下既可以保证锂不会遇到空气中的水分发生化学反应而爆炸,也可以保证不会因为挤压而破坏电池的内部结构造成电池内部短路,产生大量的热而自燃爆炸。因为充电宝的特殊结构,民航局对乘坐飞机携带充电宝有着严格的规定,如:

1.充电宝必须是旅客个人自用携带。

2.充电宝只能在手提行李中携带或随身携带,严禁在托运行李中携带。

3.充电宝额定能量不超过 100 W·h,无需航空公司批准;额定能量超过 100 W·h 但不超过 160 W·h,经航空公司批准后方可携带,但每名旅客不得携带超过两个充电宝。

4.严禁携带额定能量超过 160 W·h 的充电宝;严禁携带未标明额定能量同时也未能通过标注的其他参数计算得出额定能量的充电宝。

5.不得在飞行过程中使用充电宝给电子设备充电。对于有启动开关的充电宝,在飞行过程中应始终关闭充电宝。

请根据上述材料,回答下列问题:

(1)在给充电宝充电的过程中,充电宝相当于电路中的( ),在这个过程中,( )能转化为充电宝电池中的( )能。

(2)如图6-8所示的充电宝充满电后,大约储存了( )J电能。挑选充电宝首先要确定转换率,转换率=手机电池容量×充电次数/充电宝电池容量。若该款充电宝能给容量为1 600 mA·h的手机充电5次,则它的转换率为( )。

(3)根据图6-8所示的充电宝铭牌上的数据,计算出该充电宝的额定能量为( )。(说明:电池的额定能量=额定电压×额定电流×工作时间)

| 产品名称:移动充电宝 |
| --- |
| 产品型号:A10000 |
| 电池容量:1 0000 mA·h |
| 电源输入:SV 1A |
| 电源输出:SV 1A(5V 2.1 A) |

图6-8 充电宝部分参数

# 【任务四】 自制充电宝

购买一个成品的充电宝外壳,外壳里面包含了电路模块,只需要安装电池即可。该操作可以让学生直观了解充电宝的内部结构,如图6-9所示。

图6-9 充电宝外壳及电池

## 一、制作目的

1.通过实践,制作一个简易的手机充电宝。

2.通过操作,提高学生实践动手和工具使用能力。

## 二、制作原理

电池的串联、并联规律等。

## 三、制作材料

1.免焊接套料,尺寸长 125 mm,宽 85 mm,厚 30 mm,可装 4 节 3.7 V 18650(18700、20700、21700)锂电池(电池长度:65 ~71 mm)。

2.两个输入。输入电压:5 V(不用 9 V 和 12 V 电压充电器充电)。输入电流:1~2.1 A (要用 1~2.1 A 电流,不用超过 2.2 A 电流)。

3.两个 USB 输出接口,3 条不同接口的数据线。

4.长按功能键开关手电筒。

5.充放电保护,电路板内置锂电池保护 IC,有过压保护、过流保护、欠压保护等。

## 四、制作步骤

按照器材说明书进行组装。

## 五、制作结果检验

进行组装充电器充电并观察结果。

## 六、制作注意事项

该实验操作的器材可直接购买半成品。学生可以直观地了解充电宝的内部结构,解密神秘的"充电宝结构"。

## 【拓展资料】

### 移动电源的分类、使用方法和保养

充电宝是一个集储电、升压、充电管理于一体的便携式移动电源设备。储电介质一般采用锂电电芯,因为锂电电芯体积相对小巧,容量大,市场流通广,价格适中,被广泛用于数码产品。锂电的电压在 2.7~4.2 V,电压随着电量的下降而下降。2.7~4.2 V 的电压是不能直接给其他数码产品充电的,因为数码产品的锂电电压也是 2.7~4.2 V,同电位的电压之间是不能充电的,所以移动电源向外输出电能必须要有升压系统。把 2.7~4.2 V 的锂电电压升到 5 V,这样就可以给其他数码产品充电了,如手机、平板电脑等。

当然,充电宝不是一次性设备,它可以反复使用很多次。所以当充电宝电能使用完后,我们可以给它充电。其原理和给手机充电一样,连接到5 V的USB电脑接口或USB充电器上即可充电。所以充电宝内部还必须有充电管理系统。充电管理系统能根据锂电的电压,自动调节充电电流。过程有预充、恒压充电、浮充充电等。

一、分类

（一）AC插头型

自带折叠式AC插头的移动电源,如图6-10。折叠直插式移动电源,可直接插在家用插座上为产品本身充电,集充电器与移动电源功能于一体,更实用、便携。

图6-10 AC插头型

（二）LCD屏显型

带LCD显示屏的移动电源,如图6-11。随着移动电源的发展,用户已经不仅仅满足于能充电,更多的用户追求安全与个性。市面已有部分移动电源在外壳和电池类型上下功夫,生产出了带数字显示的移动电源。此类产品一般使用纯钴电芯,以降低电量显示的误差。不同种类的移动电源核心部件,简要来说有两部分,一是存储电量的介质,二是把其他能量转化成电量的介质,所以电芯的好坏可以作为衡量移动电源品质的重要标准之一。设计者从环保、艺术、便携等多方面考虑设计,对移动电源进行了进一步的个性化调整,再一次给移动电源行业带来了新的设计理念。移动电源之所以叫移动电源,其主要理念还是便携、轻巧。

图6-11 LCD屏显型

（三）分体叠加型

分体叠加型移动电源,如图6-12。它由多块能量块吸附在一起组合而成,不仅看起来新奇别致,而且非常好玩,充满趣味性。它的机身配备液晶显示屏,能准确显示剩余电量情况。每块能量块均有2 600 mA·h标称电量,可以叠加在一起,扩展整体总容量,满足用户对不同电量的使用需求。

图6-12 分体叠加型

（四）LED灯型

带LED照明且带充电功能的移动电源,如图6-13。这种移动电源在市面上也很普遍。它的优点是电

图6-13 LED灯型

池容量大,且带有LED,方便在光线暗的情况下照明,非常适合做专业外置电源。

（五）带太阳能板型

这种类型移动电源通常在日照时间比较长的地区使用,不过一般适用性不强。带太阳能板的移动电源,在使用过程中可以通过太阳光充电从而达到补足电量的目的。这类移动电源以前主要应用在特殊行业中。后来随着太阳能板转化率的逐步提高,民间也逐步流行起来。

（六）平板电脑型

平板电脑产品已能基本满足随时随地高效率办公的需求,使用也频繁,但续航时间短,如何提高平板电脑产品使用时间,发挥其最大功用的问题就显得尤为重要了。其中容量 10 400 mA·h 的平板电脑移动电源,就是针对并解决这一问题的最佳方案。拥有一个大容量移动电源,就可以在移动状态中随时随地为平板电脑产品提供电能。

（七）无线充电移动电源

无线充电移动电源是指不需要USB线接插,也不用电源线连接插座,即可在户外实现随身无线充电的移动电源,如图6-14。无线充电移动电源是在传统移动电源的基础上,增加了无线充电功能。在功能上相当于一款移动电源和一款无线充电器的融合。因为无线充电需要一个发送端和接收端,无线

图6-14 无线充电移动电源

充电移动电源在常规移动电源的基础上安装有发送装置,而充电的手机必须是支持无线充电的类型,具备无线充电的接收线圈。在发送端和接收端各有一个线圈的情况下,发送端线圈连接有线电源产生电磁信号,接收端线圈感应发送端的电磁信号从而产生电流给电池充电。

移动电源的出现,解决了智能终端使用时电量不足的问题,移动电源的易携带、可移动的特点给我们带来了极大的便利。现阶段,移动电源在保证产品容量的基础上,如何缩减产品的体积,让产品更加小型化、易携带是移动电源外观技术革新的趋势之一！其次,如何把先进的工业设计理念,甚至是人文理念运用在移动电源的外观设计上,让移动电源手感更舒适、更具时尚气息,也是移动电源技术革新的趋势。

二、使用方法

（一）电量检测

按下移动电源启动按钮,绿色LED指示灯显示当前电芯电量。

按下移动电源启动按钮,绿色LED指示灯闪烁时表示电量不足。

按下移动电源启动按钮,LED指示灯没有显示,表示电量已用尽需要进行充电或产品出现故障。

（二）给手机等电子产品充电

1.观察USB输出接口。

2.将手机连接线插入手机的充电端口,再将USB端头插入移动电源上标识有OUT的任一USB端口。

3.按下移动电源启动按钮启动输出,手机显示充电。

三、保养

电池的损耗快慢和寿命长短受多种因素影响,电池的质量和容量很重要,还有使用的强度和频率,保养是否得当都会影响电池的寿命。

（一）避免摔碰,尤其小心不能挤压

电器之类的产品一向禁不起摔碰,移动电源也不例外,小小的充电宝实际是复杂的电芯装置,摔碰或挤压随时都可能弄坏里面的元件,特别是有的人喜欢随手把移动电源放在座椅下,或者放在床头柜上,被各种杂志书本等压着,请注意这样是很容易伤害移动电源电芯的。

（二）注意温度和湿度

想必大家都有过这样的经历,如果天气潮湿,家里的电视机一打开,画面会显得有点模糊,色彩也会失真,这就是湿度对电器的影响。当然移动电源也不例外,所以尽量避免在温度和湿度都过于极端的环境中存放移动电源。如果出现天气较为潮湿的情况,可以较为频繁地使用它,为它充电,这样也是保护它的一个好方法。

（三）尽量不要没充满电就使用

移动电源在为手机进行充电续航之前,首先要将移动电源本身的电量充满,在这个过程中,尽量避免充电还未完成就中断,因为这样也会折损它的寿命。

## 思考与讨论

根据以上介绍充电宝的相关资料,回答下列问题。

1.我们应该如何正确使用充电宝?

2.利用网络或者图书,查找相关资料,回答在生活中,充电宝除了给手机充电,还有哪些应用。

3.社会实践:向周围的人们普及充电宝的安全使用常识。

## 评价表

| 维度 | 评价内容 | 自我评价 | 同学评价 | 师长评价 |
|------|---------|---------|---------|---------|
| 物理观念 | 1.理解电源电动势、内电阻、电路、闭合电路欧姆定律的内涵。 | ☆☆☆ | ☆☆☆ | ☆☆☆ |
| | 2.理解并应用闭合电路欧姆定律进行实验电路设计。 | ☆☆☆ | ☆☆☆ | ☆☆☆ |
| 科学思维 | 1.知道伏安法测电源电动势和内电阻的实验原理,进一步理解电源路端电压随电流变化的关系,并将该理论应用于测量充电宝的电动势和内电阻。 | ☆☆☆ | ☆☆☆ | ☆☆☆ |
| | 2.应用教材上学过的知识合理外推,解释充电宝各项参数的含义,并能对数据测量进行实验设计。 | ☆☆☆ | ☆☆☆ | ☆☆☆ |
| 科学探究 | 1.能完成"自制充电宝"等项目任务,并能将充电宝在实际充电中的数据进行记录,提出问题,分析数据。 | ☆☆☆ | ☆☆☆ | ☆☆☆ |
| | 2.学会根据图像合理外推进行数据处理的方法。 | ☆☆☆ | ☆☆☆ | ☆☆☆ |
| 科学态度与责任 | 1.通过自制充电宝任务的实践,能体会科学探索、寻找真理的过程不是高不可攀的,科学研究就在身边。 | ☆☆☆ | ☆☆☆ | ☆☆☆ |
| | 2.积极动手,积极思考,在理论与实践中体会物理学习的乐趣。 | ☆☆☆ | ☆☆☆ | ☆☆☆ |
| | 3.学会发现问题,对生活中各种习以为常的现象和事物提出疑问,科学解释,体现科学探究的严谨性。 | ☆☆☆ | ☆☆☆ | ☆☆☆ |
| 项目学习反思 | | | | |

参考答案

任务一

【做一做】

2.5 W,90 h

任务二

【做一做】

1.(略)

2.B

3.$E=1.5$ V,$r=5.6×10^3$ Ω

4.相等,偏大

任务三

【做一做】

(1)用电器,电,化学

(2)$1.8×10^5$ J,80%

(3)50 J

# 项目七 美丽的喷泉

喷泉的造型丰富、观赏性强,还可以增加空气的湿度,是现代公园和城市广场的亮点,如图7-1。喷泉是怎么工作的?它的工作原理是什么呢?

图7-1 喷泉

## 【任务一】 喷泉的原理

我们要控制公园多姿多彩的喷泉形状或田间农业自动浇灌田地的面积,就必须知道物体做抛体运动的规律,从而知道水在空中运动的特点。

### 一、平抛运动

将物体以一定的初速度抛出,如果物体在运动中只受到重力的作用,物体的运动就是抛体运动。如果初速度是沿水平方向的,那就是抛体运动中的平抛运动。

物体做平抛运动,可以将物体的曲线运动分解为相互垂直的两个分运动。以抛出点为原点,建立直角坐标系,如图7-2所示。物体在水平方向因不受力的作用,物体做匀速直线运动,$v_x = v_0$,$x = v_0 t$。

物体在竖直方向,初速度为0,只受重力作用,物体做自由落

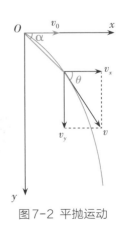

图7-2 平抛运动

体运动，$v_y = gt$，$y = \dfrac{1}{2}gt^2$。

如图7-2，设速度与水平方向的夹角为$\theta$，$\tan\theta = \dfrac{v_y}{v_x} = \dfrac{gt}{v_0}$，随着抛体的下落，角$\theta$越来越大，即抛体下落的方向越来越接近竖直向下的方向，与日常经验一致。

如图7-2，设位移与水平方向的夹角为$\alpha$，$\tan\alpha = \dfrac{y}{x} = \dfrac{\frac{1}{2}gt^2}{v_0t} = \dfrac{1}{2}\dfrac{gt}{v_0}$，$\tan\theta = 2\tan\alpha$。

喷泉轨迹：由$y = \dfrac{1}{2}gt^2 = \dfrac{1}{2}g(\dfrac{x}{v_0})^2 = \dfrac{g}{2v_0^2}x^2$可知，它是一条抛物线，我们将这种轨迹为抛物线的运动叫作抛体运动。

喷泉水喷的远近：由$x = v_0t = v_0\sqrt{\dfrac{2y}{g}}$可知，$x$由喷出水的初速度$v_0$和喷出点距地面的高度$y$共同决定。如果水管中的水压不变，说明喷出的水的$v_0$不变，喷出点距地面的高度$y$越大（高），水喷得越远（$x$大）。若喷出点距地面的高度$y$一定，要想喷得远，就必须增大水压，即增大水的$v_0$。

## 二、斜抛运动

将如图7-3所示的水龙头斜向上抛出的水，简化为如图7-4所示的水运动轨迹。假设物体（水）与水平面的夹角为$\theta$，以速度$v_0$抛出，忽略水在空气中受到的阻力，则物体（水）在水平方向不受外力作用，物体（水）将以$v_x = v_0\cos\theta$在水平方向上做匀速运动，$x = v_xt = v_0\cos\theta \cdot t$；物体在竖直方向，初速度为$v_{y0} = v_0\sin\theta$，只受重力作用，物体做竖直上抛运动，$v_y = v_0\sin\theta - gt$，$y = v_{y0}t - \dfrac{1}{2}gt^2 = v_0\sin\theta \cdot t - \dfrac{1}{2}gt^2$。

图7-3 水龙头斜抛出的水

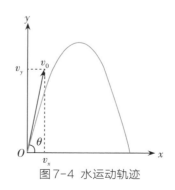

图7-4 水运动轨迹

$x$ 与 $y$ 的函数关系：$y = v_0 \sin\theta \cdot t - \dfrac{1}{2} gt^2 = x\tan\theta - \dfrac{g}{2v_0^2 \cos^2\theta} x^2$。

由数学知识可知，将物体（水）斜向上抛出，其运动轨迹是一条抛物线，抛物线的形状由抛出的初速度大小和抛出方向决定。

### 想一想

根据抛体运动规律，如何才能形成如图 7-5 所示的美丽喷泉呢？

图 7-5 美丽喷泉

### 做一做

一条水平放置的水管，横截面积 $S=2\ \text{cm}^2$，距离地面的高度 $h=1.8\ \text{m}$。水从管口以 $v_0=1.5\ \text{m/s}$ 不变的速度源源不断地沿水平方向射出。试问：水流稳定后，空中水的体积为多少？

## 【任务二】制作无需电力的自动喷泉

喷泉那样美丽，相信大家都很喜欢，要让喷泉工作，是不是必须有电力驱动电机运行呢？下面我们一起来制作一个简单的无需电力驱动的"神奇"喷泉吧。

## 一、制作目的

无需电力的自动喷泉。

## 二、制作原理

无需电力的自动喷泉，相传是古代力学家希罗设计的，所以叫希罗喷泉。希罗喷泉是利用不同容器间的水位差，再利用大气压强，产生压力，驱动水喷射形成喷泉。

## 三、制作器材

三个空的矿泉水瓶，三根胶管或饮料吸管（长度分别约为 20 cm、30 cm、40 cm），水（为了增加效果,可以在水中滴入红墨水),电钻或其他打小孔的工具(如尖嘴电烙铁),剪刀或美工刀,热熔胶枪等。

## 四、制作步骤

1.制作贮水池。用剪刀将一个矿泉水瓶子剪成如图7-6所示的形状,带瓶盖部分就作为喷泉的贮水池。

图7-6 剪开的矿泉水瓶

2.瓶盖钻孔。如图7-7①所示,将一个瓶盖钻两个小孔,小孔直径略大于胶管的直径。然后将第一个钻好的瓶盖倒扣在第二个瓶子的瓶盖

① 

②

③

图7-7 钻孔的瓶盖

上,透过第一个瓶盖钻好的孔去加工第二个瓶盖(也可以先将两个瓶盖用热熔胶连接后,将两个瓶盖钻孔,还可以用电烙铁代替电钻来打孔,如图7-7②),这样可保证两个瓶盖的孔一致。将一个瓶盖与一个矿泉水瓶底用热熔胶连接,将瓶盖和瓶底钻两个通孔,如图7-7③所示,这样可以保证瓶盖与瓶底的孔一致。

3.组装自动喷泉。按照如图7-8示意图进行装配。

4.实验验证。一切组装完毕后,从贮水池加水,通过三号管到三号瓶水满,后将整个装置倒置,将三号瓶的水通过一号管,流入二号瓶。将装置倒置,如图7-8一样放好,轻轻地倒一杯水到贮水池里面去,将会发现二号瓶中的水通过二号管上升喷出,形成喷泉。

图7-8 装配示意图

### 五、注意事项

1. 所有的接口处都要保证是密闭的。
2. 使用热熔胶封闭管子与瓶盖的接口处。
3. 选取适当长度的胶管,确保胶管都处在适当的高度。

图7-9 自制喷泉

**看一看**

观察三根管子在各自瓶中的位置,这样装配的理由是什么?

**想一想**

自动喷泉会永远喷下去吗?

**做一做**

参照图7-9的喷泉,利用希罗喷泉原理做一做更多的喷泉。

## 【任务三】 制作自动旋转喷头

现在,越来越多的绿化设施和农产品培育使用自动灌溉系统进行日常灌溉作业,其不仅改善了灌溉施肥上的一些难题,有效提高了工作效率,还很大程度地减少了水资源的浪费。

### 一、制作目的

制作自动灌溉系统中的自动旋转喷头。

### 二、制作原理

自动灌溉系统主要包括控制器、传感器、电磁阀、喷头等,其工作原理是通过控制器来控制电磁阀的启闭实现灌溉。喷头一般采用自动升降式喷头,是通过水压来控制的,电磁阀门开启后,管道中的水在压力作用下,喷头就会自动灌溉。喷头自动旋转则利用了反冲的原理。

### 三、制作器材

30~50 mL大注射器1支、5 mL小注射器1支、滤液器1个、导管1根（长约60 mm）、饮料吸管1段（长约100 mm）。

### 四、制作步骤

1.将小注射器管筒在2.5 mL刻度处割断，在1.5 mL处沿直径方向钻一通孔（即两个对着的小孔）；将安针的嘴割去并将嘴孔扩大（略大于输液导管外径）。

2.在吸管中间一侧开一大孔（孔径接近吸管直径），将一端封口（另一端暂时不封口），然后在距吸管两端约10 mm处的管壁一侧，用针各扎一孔径为1~2 mm的小孔（两孔方向不在管壁同一侧，所在平面与中间大孔垂直）。

3.将滤液器圆盒前面的网罩割掉，取出中间的滤纸。

4.组装旋转喷头：（1）把加工好的滤液器圆盒后面的导管，从加工好的小注射器管筒的嘴孔穿出，滤液器圆盒套在筒内且能灵活转动。（2）将加工好的吸管横穿在小注射器管筒壁上，使吸管中间的孔正好对准滤液器圆盒后面的导管方向，然后将吸管的另一端封闭。（3）用注射器橡胶活塞塞住加工好的小注射器管筒开口。

5.把制作好的旋转喷头的导管套在大注射器（高压供水器）嘴上，即组成如图7-10所示的旋转喷头模拟器。

图7-10　旋转喷头模拟器

# 【任务四】简易音乐喷泉设计

## 一、猜想与假设

音乐喷泉在程序控制喷泉的基础上，增加了音乐控制系统。计算机对音频和MIDI信号进行解码和编码，最后将信号输出到控制系统，使喷泉的形状和光的变化与音乐保持同步，从而实现喷泉水型、光、色的变化与音乐节奏的完美结合，使喷泉的表现更加生动、丰富和艺术。那音乐喷泉的控制是如何实现的呢?

## 二、喷泉控制方法

### 1.手动控制

如图7-11所示,在一根主水管上焊接多个分支水管,且各分支水管的出水口与水平方向夹角不一样,各分支水管在空中形成的水柱就不一样。当手动打开主水管的开关,就会形成预先设定的各种形状的水柱。

### 2.电磁阀控制

双联或者多联组合阀可以实现控制水流速度的大小,达到适当改变喷泉形状的目的。

如图7-12所示的电磁阀,它的流道只具备两个状态,即通和断。因为电磁阀的响应速度是极快的,电磁阀启动的瞬间吸力最大,行程一般是从几毫米到几厘米,因此,无论是从电磁效应还是惯性定律上讲,阀芯是没法悬停的。如图7-13所示为多联组合电磁阀,即用2个以上的不同口径的电磁阀并联在一起,通过不同组合,就可以实现几十种流量控制方案。多联组合电磁阀还常用来控制温度、压力、液位等参数。

图7-11 喷泉

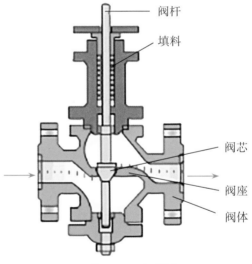

图7-12 电磁阀

阀杆
填料
阀芯
阀座
阀体

**做一做**

查阅资料,利用Arduino控制模块或者PLC模块以及直流泵、继电器、二极管等相关材料设计制作一个简单的音乐喷泉模型。

图7-13 多联组合电磁阀

## 【科学漫步】

### 音乐喷泉是如何实现的？

如图7-14所示是最常见的一种音乐喷泉。大型音乐喷泉一般建设在城市广场或者湖中,这样喷泉表演的场地比较开阔,而且方便人们观看。

音乐喷泉的原理是将音乐信号转换成频率信号,通过变频器控制水泵,使水泵的压力随音乐的音调、节奏、强度的变化而变化。

图7-14 音乐喷泉

通常将声音信号转化为电信号有两种方式:

(1)电磁式(电磁感应现象)

电磁式包括动圈式和舌簧式。动圈式是声波带动振膜上的铜线圈在磁场中振动,从而产生感应电压;舌簧式是线圈很多,有上千匝,所以磁铁和线圈都是固定的,振膜带动的是铁芯片振动,以改变通过线圈的磁场,从而产生感应电流。

(2)电容式(电容器充放电原理)

用一张极薄的镀金膜,作为电容的一个极,与其相隔零点几毫米,有另外一个固定电极,这样形成一个电容器,振膜电极跟随声波振动而造成电容的容量变化,形成电信号。

### 做一做

1.某游乐园入口旁有一喷泉,喷出的水柱将一质量为$M$的卡通玩具稳定地悬停在空中。为方便计算,假设水柱从横截面积为$S$的喷口持续以速度$v_0$竖直向上喷出;玩具底部为平板(面积略大于$S$);水柱冲击到玩具底板后,在竖直方向水的速度变为0,在水平方向朝四周均匀散开。忽略空气阻力。已知水的密度为$\rho$,重力加速度大小为$g$。求:

(1)喷泉单位时间内喷出的水的质量是多少?

(2)玩具在空中悬停时,其底面相对于喷口的高度是多少?

2.由消防水龙带的喷嘴喷出水的流量是$0.28 \ \mathrm{m^3/min}$,水离开喷口时的速度为

$16\sqrt{3}$ m/s,方向与水平面夹角为60°,在最高处正好到达着火位置,忽略空气阻力,则空中水柱的高度和水量分别是(重力加速度$g$取10 m/s²)(    )。

A.28.8 m,$1.12×10^{-2}$ m³          B.28.8 m,0.672 m³

C.38.4 m,$1.29×10^{-2}$ m³          D.38.4 m,0.776 m³

## 【拓展资料】

### 智能灌溉系统工作原理

智能灌溉系统一般由传感器、智能网关、后台监控系统、无线电磁阀以及供水系统等共同组成。先是传感器将土壤的温度、湿度等信息监测并传送到智能网关,再进入云中心,通过云中心进入手机终端,然后手机终端会对来自传感器的信号进行处理(如转换、滤波、放大)后进行转换。当检测得到的湿度值小于事先设定数值时,无线电磁阀就会开启,为喷头输水,喷头就会以不同的角度旋转喷水,如图7-15。同理,

图7-15 自动旋转喷头

检测湿度达到设定值时,手机终端会控制无线电磁阀关闭,从而结束灌溉。在实际安装过程中,人们通常会在无线电磁阀一侧安装压力表,这是为了避免远离水源的喷头因水压不足而发生喷头射程减少的现象。整个系统互相协调,即可实现对灌区灌溉的智能控制,这能有效地提高自动化生产效率,降低人力成本和管理成本,显著提高效益。更重要的是,它还是一种非常有效地节约水资源,提高水资源利用效率的方式。

摇臂喷头是一种常用的露天场所喷灌设备,是灌溉设备中重要的灌水器。摇臂喷头广泛用于大田喷灌、露天苗圃、果菜园和园艺场等场所,是使用广泛、性能稳定的喷头之一。

它的工作原理是在喷管上方的摇臂轴上,套装一个前端设有偏流板(挡水板)和导流板的摇臂,当压力水从喷管的喷嘴中喷出时,经偏流板冲击导流板,使摇臂产生切向运动力绕悬臂回转一定角度,然后在扭力弹簧的作用下返回并撞击喷管,使喷管转动一定角度,如此反复进行,喷头即可做全圆周转动。如在喷头上加设限位装置和换向机构,使喷管在转动一定角度后换向转动,即可进行扇形喷灌。

## 评价表

| 维度 | 评价内容 | 自我评价 | 同学评价 | 师长评价 |
|---|---|---|---|---|
| 物理观念 | 1.掌握平抛运动的规律。 | ☆☆☆ | ☆☆☆ | ☆☆☆ |
| | 2.知道"希罗喷泉"的原理。 | ☆☆☆ | ☆☆☆ | ☆☆☆ |
| 科学思维 | 1.根据平抛、斜抛运动规律,思考形状各异的喷泉。 | ☆☆☆ | ☆☆☆ | ☆☆☆ |
| | 2.分析各类"希罗喷泉"原理。 | ☆☆☆ | ☆☆☆ | ☆☆☆ |
| 科学探究 | 1.结合自动喷泉的制作过程,探究"希罗喷泉"原理。 | ☆☆☆ | ☆☆☆ | ☆☆☆ |
| | 2.根据反冲原理,制作自动旋转喷头。 | ☆☆☆ | ☆☆☆ | ☆☆☆ |
| | 3.探究简易音乐喷泉设计。 | ☆☆☆ | ☆☆☆ | ☆☆☆ |
| 科学态度与责任 | 1.能积极参加小组活动,主动交流,合作完成项目任务,和他人分享物理学习的乐趣与物理之美。 | ☆☆☆ | ☆☆☆ | ☆☆☆ |
| | 2.能认识科学探索中实验研究的重要性,善于创新地运用新方法、新途径去解决项目学习过程中遇到的新问题。 | ☆☆☆ | ☆☆☆ | ☆☆☆ |
| 项目学习反思 | | | | |

## 参考答案

### 任务一

【做一做】

水从水管口水平射出后做平抛运动,在竖直方向做自由落体运动,设水在空中运动时间为 $t$,由 $h = \frac{1}{2}gt^2$,可得 $t = \sqrt{\frac{2h}{g}} = \sqrt{\frac{2 \times 1.8}{10}}$ s $= 0.6$ s。

### 任务四

【做一做】

1.(略)

2.A

# 项目八 火箭发射探秘

◆问题◆

　　每当过年的时候,很多人都会买烟花爆竹来玩,你玩过"冲天炮"吗? 如图8-1所示的"冲天炮"是一种烟花,北方俗称"窜天猴",南方俗称"冲天炮",又名"钻天猴"。在木杆的一头粘上火药筒,点燃引信,在尾部喷出气流,主体向上飞,一般飞行时带有响声,有的飞到空中后会爆炸。那你知道"冲天炮"是如何飞行的吗? 其实,"冲天炮"飞行利用了反冲和动量守恒的原理,生活中还有很多现象都与之有关,如火箭发射等。

图8-1 冲天炮

## 【任务一】认识火箭发射

### 一、火箭发射原理简介

　　我国早在宋代就发明了火箭。箭杆上捆一个前端封闭的火药筒,点燃后产生的燃气以很大速度向后喷出,箭杆由于反冲而向前运动。现代火箭的飞行也应用了反冲的原理。火箭点火后,燃料所产生的高速气流从火箭尾部喷出,喷出的气体具有很大的动量,使火箭向前飞行。若初始时,火箭的速度为0,则火箭获得的动量与喷出燃气的动量大小相同,方向相反,即 $M_火v_1 = m_气v$。火箭的最终速度主要取决于两个条件:一是喷气速度,二是质量比,即火箭开始飞行时的质量与燃料燃尽时的质量之比。

现代火箭发动机的喷气速度通常在 2 000~5 000 m/s,而卫星发射的最小速度为 7.9 km/s,那么如何能提升火箭的发射速度,从而解决卫星发射问题呢?

为了解决这个问题,科学家提出了多级火箭的概念。如图 8-2,多级火箭是由数级火箭组合而成的,每一级都装有发动机与燃料。

多级火箭发射时,从尾部最初一级开始,第一级火箭燃烧结束后,便自动脱落,接着第二级、第三级依次工作,燃烧结束后自动脱落,这样可以不断地减小火箭壳体的质量,减轻负担。理论上多级火箭的速度可以提高到很大。但是,目前多级火箭一般不超过四级,因为级数太多,结构复杂,连接机构和控制机构质量会增加很多,工作可靠性会降低。

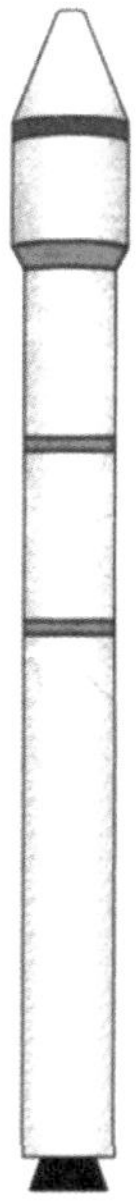

运载物

第三级

第二级

第一级

图 8-2 多级火箭

## 二、例题

如图 8-3,假设火箭在地球表面由静止起飞时,在极短的时间内喷出燃气的质量为 $\Delta m$,喷出的燃气相对喷气前火箭的速度大小为 $u$,喷出燃气后火箭的质量为 $m$。计算火箭在喷气一次后增加的速度 $\Delta v$。

解:以火箭飞行的方向为正方向,火箭喷出燃气前后瞬间,根据动量守恒定律得:

$$m \cdot \Delta v - \Delta m \cdot u = 0$$

计算得出:$\Delta v = \dfrac{\Delta m \cdot u}{m}$

图 8-3 火箭发射图

## 三、动量守恒定律

一个系统不受外力或所受外力之和为零,这个系统的总动量保持不变,这个结论叫作动量守恒定律。

动量守恒定律是自然界最普遍、最基本的规律之一。不仅适用于宏观物体的低速运动,也适用于微观物体的高速运动。适用条件:1.系统不受外力或者所受合外力为零;

2.系统所受合外力虽然不为零,但系统的内力远大于外力时,如在碰撞、爆炸等现象中,系统的动量可看成近似守恒。系统总的来看不符合以上条件的任意一条,则系统的总动量不守恒。但是若系统在某一方向上符合以上条件的任意一条,则系统在该方向上动量守恒。

动量是矢量。动量守恒定律的方程是一个矢量方程。

数学表达式:

(1)$p=p'$

即系统相互作用开始时的总动量等于相互作用结束时(或某一中间状态时)的总动量。

(2)$\Delta p=0$

即系统的总动量的变化为零。若所研究的系统由两个物体组成,则可表述为

$$m_1v_1+m_2v_2=m_1v_1'+m_2v_2'$$

(3)$\Delta p_1=-\Delta p_2$

即若系统由两个物体组成,则两个物体的动量变化大小相等,方向相反。此处要注意动量变化的矢量性。在两物体相互作用的过程中,可能两物体的动量都增大,也可能都减小,但其矢量和不变。

## 四、思考与讨论

查阅资料,回答下列问题:

1. 如图 8-4 的古代火箭与现代的火箭有什么不同之处?

2. 火箭发射时,质量越大越好吗?

3. 相同质量的火箭,固体燃料火箭与液体燃料火箭一般谁的最终速度更大?

4. 火箭实际发射中,一般采用什么燃料? 为什么?

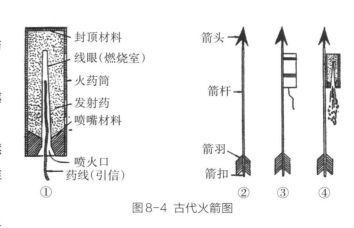

图 8-4 古代火箭图

**做一做**

1.将质量为1 kg的模型火箭点火升空,50 g燃烧的燃气以大小为600 m/s的速度从火箭喷口在很短时间内喷出。在燃气喷出后的瞬间,火箭的动量大小为(喷出过程中重力和空气阻力可忽略)(    )。

A.30 kg·m/s        B.5.7×10² kg·m/s        C.6×10² kg·m/s        D.6.3×10² kg·m/s

2.一质量为$m$的烟花弹获得动能$E$后,从地面竖直升空,当烟花弹上升的速度为零时,烟花弹中火药爆炸将烟花弹炸为质量相等的两部分,两部分获得的动能之和也为$E$,且均沿竖直方向运动。爆炸时间极短,重力加速度大小为$g$,不计空气阻力和火药的质量。

(1)烟花弹从地面开始上升到弹中火药爆炸所经过的时间是多少?

(2)爆炸后烟花弹向上运动的部分距地面的最大高度是多少?

3.某同学设计了一个电磁推动加喷气推动的火箭发射装置,如图8-5所示。将其竖直固定在绝缘底座上的两根长直光滑导轨中,间距为$L$。导轨间加有垂直于导轨平面向内的匀强磁场$B$。绝缘火箭支撑在导轨间,总质量为$m$,其中燃料质量为$m'$,燃料室中的金属棒$EF$电阻为$R$,并通过电刷与电阻可忽略的导轨良好接触。引燃火箭下方的推进剂,迅速推动刚性金属棒$CD$(电阻可忽略且和导轨接触良好)向上运动,当回路$CEFD$面积减少量达到最大值$\Delta s$,用时$\Delta t$,此过程激励出强电流,产生电磁推力加速火箭。在$\Delta t$时间内,电阻$R$产生的焦耳热使燃料燃烧形成高温高压气体。当燃烧室下方的可控喷气孔打开后,喷出燃气进一步加速火箭。

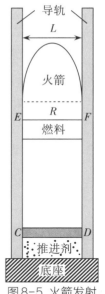

图8-5 火箭发射装置

(1)求回路在$\Delta t$时间内感应电动势的平均值及通过金属棒$EF$的电荷量,并判断金属棒$EF$中的感应电流方向。

(2)经$\Delta t$时间火箭恰好脱离导轨,求火箭脱离时的速度$v_0$(不计空气阻力)。

(3)火箭脱离导轨时,喷气孔打开,在极短的时间内喷射出质量为$m$的燃气,喷出的燃气相对喷气前火箭的速度为$u$,求喷气后火箭增加的速度$\Delta v$。(提示:可选喷气前的火箭为参考)

# 【任务二】 模拟火箭发射

通过任务一的学习,我们知道火箭发射应用了动量守恒等物理知识,那么我们能否模拟这个过程呢? 实际上,火柴头火箭的制作可以直观地模拟出火箭发射升空的原理和现场。这个项目非常简单,利用身边简单的材料就可以实现,在家里或者实验室都可以快速完成。

## 一、制作目的

1. 通过项目,模拟火箭发射。

2. 通过项目,增强动手能力和工具使用能力。

## 二、制作原理

本项目应用了动量守恒定律。火柴头火箭开始静止,给包裹火药的铝箔纸加热,里面的燃气快速喷射出来,火柴头火箭的箭体朝相反方向运动。

## 三、制作器材

火柴棍、剪刀、铝箔纸、橡皮泥、签字笔笔头、剪刀。

## 四、制作步骤

1. 如图8-6①所示,先将若干根火柴头的火药刮下来(或直接将火柴头剪下),然后把一根火柴放在一张铝箔纸(约3.5 cm×4 cm)中间,再将火药放在火柴头附近,如图8-6②所示。最后将铝箔纸包起来,压紧铝箔纸,将里面的空气排出来。

2. 用橡皮泥制作一个发射底座,把签字笔笔头插进去,再把上一步做好的火柴小火箭插在签字笔头里,如图8-6③所示。

①　　　　　　　　　②　　　　　　　　　③

图8-6 制作火柴火箭

3.用火柴或者蜡烛隔开一段距离灼烧加热铝箔纸包着的火柴头,观察加热铝箔纸时的实验现象。在高温下,铝箔纸包着的火柴头发生剧烈反应,推动火箭发射出去。

4.改变铝箔纸包裹的火柴头数量,再观察发射现象。

5.在铝箔纸包裹的火柴头数量不变的情况下,改变其发射角度,观察火箭的落点距离。

### ⫸⫸ 想一想 ⫸⫸

1.铝箔纸包裹的火柴头约为多少时,模拟实验更容易成功?

2.发射角度大约是多少时,铝箔火箭发射得最远?

## 【任务三】 制作水火箭

水火箭又称为气压式喷水火箭、水推进火箭,可利用废弃的饮料瓶制作。通过水火箭试验,我们可以直观了解火箭的发射、飞行、回收等全过程。那么,水火箭怎样设计其飞行性能才更好呢?下面我们就一起来设计、制作一支水火箭吧。

### 一、制作目的

1.通过制作水火箭,增强物理模型建构能力,体验学习物理的乐趣。

2.通过制作水火箭,增强跨学科知识和对工具的应用。

### 二、制作原理

水火箭涉及多方面物理知识和规律,其中主要涉及惯性、力与质量、加速度的关系、作用与反作用、能量守恒定律、动量守恒定律,以及一些基本的空气动力学和飞行力学等方面的知识。

水火箭利用了水和空气的质量之比(水的密度约是空气的771倍),压缩空气把水从火箭尾部的喷嘴向下高速喷出,在反作用下,水火箭快速上升,达到一定高度后,在空中打开降落伞徐徐降落的火箭模型。发射时,一般灌入三分之一的水,然后利用打气筒充入空气,到达一定的压强后使其发射。如果要飞行距离更远,则需要调整加水量并选择合适的发射角度。

### 三、制作器材

打气筒,剪刀,美工刀,记号笔,1.25 L的塑料瓶3~6个(可根据自己一、二级火箭设计的大小来选择),600 mL塑料瓶1个,热熔枪,双面胶,防水胶带,PVC板,彩色卡纸,螺纹手动发射器,喷嘴等。

### 四、制作步骤

#### (一)制作火箭头

取一个1.25 L的瓶子,大约以$\frac{2}{3}$的间距用记号笔画两条虚线,然后用美工刀沿虚线切开,留下中段部分,再用剪刀慢慢修剪至画线处,尽量使其平整,如图8-7所示。为了减小空气阻力,同时也为了看起来更美观,可用彩纸等制作一个圆锥粘贴在瓶口作为火箭头,也可直接购买塑料火箭头。

图8-7　水火箭箭头的制作

#### (二)制作动力舱

另取一完整的瓶子,作为动力舱。将火箭头与动力舱的底部相连接,然后在平坦的桌面或地面上滚动,看看是否连接平整。矫正使其平顺后,用热熔枪和防水胶带固定,如图8-8所示。

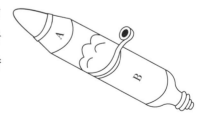

图8-8　火箭头与动力舱连接图

#### (三)制作尾翼

取一块PVC板,用刻度尺和记号笔画出两个6 cm×9 cm的长方形,然后在长方形边上的4 cm和5 cm处绘一条虚线,沿虚线剪出两个梯形,最后将四个梯形粘贴在动力舱的尾部。

#### (四)安装发射喷嘴

如图8-9,将发射喷嘴安装在塑料瓶口上,并将带气嘴的发射器与喷嘴连接。当打气

图8-9 安装水火箭喷嘴

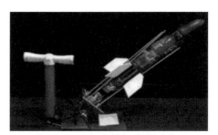

图8-10 水火箭与发射支架

筒打气到一定压力时,水火箭会自动脱离连接装置。

**(五)制作发射架**

发射台最好配上导航轨道或发射支架,导航轨道不要太长也不要太短,一般长为60 cm(可用实验室的铁架台和两根铁棒制作一个简易发射台),如图8-10所示。若要比较准确地进行实验,可选择购买专门的发射平台。

## 五、注意事项

1.一定要选用耐压塑料瓶,防止炸裂。

2.各连接件要牢固,防止飞行过程中脱离从而导致发射失败。

3.尽量减少上升时的空气阻力,同时确保安全,火箭头要圆滑,各部分连接要平滑。

4.为了保证飞行安全,要有尾翼,要用有导向的发射支架。

5.选择合适的瓶塞,使上升的作用力更强劲。

### 做一做

1.在一次"水火箭"比赛中,学生利用废弃的饮料瓶来制作箭体。发射时,先灌入三分之一的水,再用打气筒充入空气,达到一定的压强后发射升空。若某次实验中竖直向上发射瞬间加速度大小达到重力加速度大小的4倍,向下喷射的水流速度为3 m/s,已知饮料瓶的容积为540 mL(忽略饮料瓶的质量),水的密度为$1×10^3$ kg/m³,重力加速度取10 m/s²,则发射瞬间0.01 s时间内喷射的水的质量为(　　)。

  A.0.09 kg    B.0.9 kg    C.0.03 kg    D.0.3 kg

2.某校课外科技小组制作了一支"水火箭",压缩空气后喷出水使火箭运动。假如喷出的水流量保持为$2×10^{-4}$ m³/s,喷出速度保持水平且对地为10 m/s。启动前火箭总质量为

1.4 kg,则启动 2 s 末火箭的速度可以达到多少?(已知火箭沿水平轨道运动,阻力不计,水的密度是 $10^3$ kg/m³。)

# 【任务四】探究影响水火箭发射距离的因素

通过任务三的学习,我们知道水火箭发射应用了动量守恒等物理知识。水火箭发射时,需要先往动力舱中加一定水,然后通过打气筒打气让水火箭升空。那么,水火箭飞的远近与加入的水量有什么关系? 又与水火箭发射的仰角大小有什么关系?

## 一、实验目的

1.通过实验,探究水火箭发射的水平距离与加入水量和发射仰角的关系。

2.通过实验,增强综合应用动量守恒、抛体运动等物理知识解决实际问题的能力。

## 二、实验原理

水火箭是利用压缩空气把水从火箭尾部的喷嘴向下高速喷出,推动水火箭的箭体向相反方向加速运动。开始时,灌入一定量的水,然后利用打气筒充入空气,达到一定的压强后使其发射。实际上,水火箭的运动是十分复杂的。为了研究方便,我们忽略空气阻力,将水火箭的运动近似看作斜抛运动,改变发射角度,其飞行的水平距离不同。

## 三、实验步骤

1.往容积瓶为 1.25 L 的水火箭内注入 100 mL 水,将其放置在发射架上,调整其发射角度分别为25°、45°、60°等再发射,测量水平距离并记录在表8-1中,确定最佳发射仰角。

2.将容积瓶为 1.25 L 的水火箭放置在发射架上(最佳发射角度),往水火箭内注入 100 mL、150 mL、200 mL 等不同体积的水,观察其发射情况,将测量数据记录在表8-2中。

3.选用不同容积的水火箭,注入相同体积的水(如 500 mL),选用最佳发射角度,重复发射几次,测量水平距离并记录在表8-3中。

表8-1 数据记录表1

| 实验编号 | 1 | 2 | 3 | 4 | 5 | 6 |
|---|---|---|---|---|---|---|
| 发射角度 | 25° | 45° | 60° | | | |
| 第一次发射距离 | | | | | | |
| 第二次发射距离 | | | | | | |
| 第三次发射距离 | | | | | | |
| …… | | | | | | |

表8-2 数据记录表2

| 实验编号 | 1 | 2 | 3 | 4 | 5 | 6 |
|---|---|---|---|---|---|---|
| 水量 | 100 mL | 150 mL | 200 mL | | | |
| 第一次发射距离 | | | | | | |
| 第二次发射距离 | | | | | | |
| 第三次发射距离 | | | | | | |
| …… | | | | | | |

表8-3 数据记录表3

| 火箭容积 | 第一次 | 第二次 | 第三次 | …… | 平均值 |
|---|---|---|---|---|---|
| 500 mL | | | | | |
| 1 L | | | | | |
| 1.25 L | | | | | |
| 2.5 L | | | | | |
| …… | | | | | |

## 四、实验结论

1.容积瓶为1.25 L的水火箭,注入100 mL水量时,水火箭发射仰角约为_____度,水火箭运动的水平距离最远。

2.容积瓶为 1.25 L 的水火箭,在上述的最佳发射仰角时,注入_____mL 的水,水火箭运动的水平距离最远。

3.在上述的最佳发射仰角时,注入_____mL 的水,容积瓶为_____L 的水火箭运动的水平距离最远。

## 五、实验注意事项

1.水火箭注入水量和火箭容器空间有一个最佳的比例,最佳容水量约为火箭容器空间的 $\frac{1}{4} \sim \frac{2}{5}$(实验时可在这个范围内多取几组数据试验一下)。

2.由于空气阻力,水火箭发射的最佳仰角一般在 $50° \sim 55°$,不同的水火箭可能不同。实验时,可通过控制变量的方法在这个范围内多取几组试验数据,确定最佳仰角。

3.发射时,确保火箭和轨道的平直一致。

### 做一做

在学校科技节活动中,科技兴趣小组在老师的指导下制作了一支"水火箭",实验器材包括:饮料瓶、气筒、自行车气门、橡皮塞、水等,为达到更好效果,兴趣小组的同学先研究了水火箭竖直向上的运动过程,从开始运动到水完全喷出,瓶子和瓶中的水始终受到竖直向上的推动力。之后,向上的推动力消失,水火箭由于惯性继续上升一段距离后开始下落。

(1)水火箭升空时的施力物体是水,从机械能的角度来看,水火箭在加速上升过程中动能_____,势能_____。(填"增大""减小"或"不变")

(2)试验后,老师提出问题:水火箭上升高度与什么因素有关?

小明猜想可能与瓶中气体的压强有关;小华猜想可能与瓶子的形状有关。

你认为影响因素还有_____。

(3)兴趣小组通过实验发现,橡皮塞插入瓶口的深度不同,瓶塞被冲出前用打气筒充气次数不同(设每一次充入的气量相同),水火箭升空的高度就不同。他们选用同一个饮料瓶,瓶中水量为 200 mL,通过观察测得实验数据如表 8-4 所示。

表8-4 数据记录表

| 瓶塞塞入深度 | 浅 | 深 | 更深 |
|---|---|---|---|
| 高度/m | 2 | 5 | 12 |

思考:为什么瓶塞塞入的深度越深水火箭升空的高度越高呢?

# 【任务五】火箭发射项目的创新研究

空气火箭的种类较多,前面的水火箭实际上也是一种空气动力火箭。水火箭利用压缩空气把水从火箭尾部的喷嘴向下高速喷出,推动箭体飞行。事实上,矿泉水瓶中不加水,也可以通过压缩空气使其直接喷出,从而推动箭体飞行;还可以通过空气瞬间作用在纸火箭或者泡沫火箭上,使其获得巨大的瞬时速度。

如"跳环"物理实验则是利用电磁感应的原理,将铝环弹出去。实验时,将封闭的导体铝环穿在铁芯上面(也可以利用可拆卸式的变压器演示装置代替),当接通电磁跳环演示仪的电源时,铝环可以跳数米高。实际上,在现代航母中,就采用了电磁弹射技术。那么,我们能否设计并制作一种电磁弹射的火箭模型呢?

请同学们根据实际,查阅资料,开展火箭发射项目的创新研究,将其记录在表8-5中。

表8-5 创新研究记录表

| 创新内容 | 创新记录 | 照片 |
|---|---|---|
| 器材创新 | | |
| 方法创新 | | |
| 操作创新 | | |
| 其他创新 | | |

**【拓展资料】**

## 中国长征系列火箭

我国的火箭发展经历了从无到有，从单级到多级，从近程到远程的艰辛历程，取得了一系列重大成就，而长征系列运载火箭的发展大力推动了我国的火箭发展。

"长征一号"是我国在"东风四号"火箭的基础上研制的第一种三级运载火箭。其第一、二级为"东风四号"火箭，第三级为固体火箭。1970年4月24日首次发射，一举成功，从此揭开了我国航天活动的序幕，它作为我国发射第一颗卫星的运载工具而载入史册。"长征三号"是采用液氢/液氧发动机的三级火箭。该火箭具备了可将1400千克的卫星送入远地点36000千米的转移轨道，它使我国成为第五个具有发射地球静止轨道卫星能力的国家。1988年和1990年，"长征"家族中又增加了两位新成员"长征四号"和"长征二号E"。"长征四号"也是三级运载火箭，1988年9月7日首发成功，它将一颗实验型气象卫星"风云一号"送入太阳同步轨道。"长征二号E"是在"长征二号"基础上捆绑了四个助推器而组成的火箭，它是我国第一枚集串联、并联技术于一体的大型运载火箭。

经过几十年的发展，现长征系列运载火箭已经经历了四代的发展，目前正在服役的11个基本型长征火箭具备发射低、中、高不同地球轨道和不同类型航天器的能力，并能支撑无人深空探测。2021年，中国航天共实施宇航发射任务55次，位居世界第一，其中长征系列运载火箭共实施宇航发射48次，创历史新高。

## 我国航天发展大事记

1956年10月8日，钱学森受命组建的中国第一个火箭与导弹研究机构成立。1956年也被认为是中国导弹梦、航天梦的元年。

1970年，中国用"长征一号"将第一颗人造地球卫星"东方红一号"送入太空，中国成为世界上第五个用自制火箭发射国产卫星的国家。

1975年，中国发射了一颗返回式人造卫星，第一次实现人造卫星"收放自如"。

1981年，中国用一枚运载火箭发射了三颗科学实验卫星，成为第四个独立掌握"一箭多星"发射技术的国家。

1999年，中国第一艘无人试验飞船"神舟一号"成功发射，随后"神舟二号""神舟三号""神舟四号"陆续顺利发射升空。

2003年，航天员杨利伟穿越大气层，不远万里为浩瀚星空增添了一抹中国红，标志着中国成为世界上第三个将人类送上太空的国家。

2007年,嫦娥奔月再也不是幻想,"嫦娥一号"用相机掀开了月球表面神秘的面纱。

2008年,"神舟七号"搭载三名航天员,完成中国航天员首次空间出舱活动。

2010年,"嫦娥二号"获得更高精度的月球表面三维影像,探测月球物质成分、月壤特性、地月与近月空间环境,刷新中国航天新高度。

2012年,"神舟九号"与"天宫一号"实现载人"太空之吻"。

2013年,"嫦娥三号"成为中国第一个月球软着陆的无人登月探测器。

2016年,经中央批准、国务院批复,自2016年起,将每年4月24日设立为"中国航天日"。

2018年,"嫦娥四号"带着"玉兔二号"来到了月球背面,开启月球探测新旅程,为人类首次揭开月球背面的神秘面纱。

2019年,新一代固体运载火箭"长征十一号"首次完成海上发射,填补了中国运载火箭海上发射的空白,标志着中国成为世界上第三个掌握海射技术的国家。

2020年7月,中国首次火星探测任务"天问一号"发射升空,迈出了中国自主开展行星探测的第一步。

2020年11月,"长征五号"成功将"嫦娥五号"送入地月转移轨道,开启中国首次地外天体采样返回之旅。

2021年4月29日,中国空间站"天和"核心舱发射任务取得圆满成功,中国开启空间站任务的新时代。6月17日,"神舟十二号"载人飞船发射升空,将聂海胜、刘伯明、汤洪波3名航天员首次送入中国人自己的空间站。10月16日,航天员翟志刚、王亚平、叶光富搭乘"神舟十三号"载人飞船入驻核心舱。11月8日,"神舟十三号"航天员乘组圆满完成首次出舱活动,这也是中国航天史上首次有女航天员参加的出舱活动。12月9日,"天宫课堂"第一课开讲,3位"太空教师"为广大青少年带来了一堂精彩的太空科普课。

2021年5月15日,"天问一号"着陆巡视器成功着陆于火星乌托邦平原南部预选着陆区,我国首次火星探测任务着陆火星成功。5月22日,"祝融号"火星车安全驶离着陆平台,到达火星表面,开始巡视探测。6月11日,天问一号探测器着陆火星首批科学影像图发布,标志着我国首次火星探测任务取得圆满成功。

2021年10月14日,我国首颗太阳探测科学技术试验卫星"羲和号"在太原卫星发射中心由"长征二号丁"运载火箭成功发射,实现我国太阳探测零的突破,我国正式步入"探日"时代。

## 评价表

| 维度 | 评价内容 | 自我评价 | 同学评价 | 师长评价 |
|------|----------|----------|----------|----------|
| 物理观念 | 1.能理解冲量、动量、动量定理和动量守恒定律的内涵。 | ★★☆ | ★★☆ | ★★☆ |
| | 2.能用反冲等相关物理知识解释冲天炮升空、锡箔火箭发射以及水火箭发射原理。 | ★☆☆ | ★★☆ | ★★☆ |
| 科学思维 | 1.能在冲天炮升空、水火箭发射等问题情境中,运用动量定理、动量守恒定律等物理知识解决实际问题,并且能建构物理模型。 | ★★☆ | ★★☆ | ★★☆ |
| | 2.能综合应用数学、物理、工程和技术等跨学科知识分析物理问题,通过分析和推理,合理解释水火箭发射相关的实验结论。 | ★☆☆ | ★★☆ | ★★☆ |
| 科学探究 | 1.能完成"模拟火箭发射""制作水火箭"等项目任务,能分析物理现象,提出项目学习中遇到的问题。 | ★★☆ | ★★☆ | ★★☆ |
| | 2.能在他人帮助下制订项目方案,能根据项目提供的器材制作物理模型并开展探究活动;会设计表格,获取项目数据并记录在表格中。 | ★☆☆ | ★☆☆ | ★☆☆ |
| | 3.能对"影响水火箭发射距离的因素"等实验数据进行分析,在项目报告中呈现项目研究的图表,并交流展示成果。 | ★☆☆ | ★☆☆ | ★☆☆ |
| 科学态度与责任 | 1.通过火箭发射项目学习,能体会科学家探索科学真理的艰辛和科学研究的价值。 | ★★☆ | ★★☆ | ★★☆ |
| | 2.能积极参加小组活动,主动交流,合作完成项目任务,和他人分享物理学习的乐趣与物理之美。 | ★★☆ | ★★☆ | ★★☆ |
| | 3.能认识科学探索中理论与实验研究的重要性,善于创新地运用新方法、新途径去解决项目学习过程中遇到的新问题。 | ★☆☆ | ★★☆ | ★★☆ |
| 项目学习反思 | | | | |

## 参考答案

任务一

【做一做】

1.A

2.(1) $\dfrac{1}{g}\sqrt{\dfrac{2E}{m}}$

(2) $\dfrac{2E}{mg}$

3.(1) $\dfrac{B\Delta_s}{R}$ ,电流方向向右

(2) $v_0=\dfrac{B^2L}{m}\dfrac{\Delta_s}{R}-g\Delta t$

(3) $\Delta v_0=\dfrac{m'}{m-m'}u$

任务三

【做一做】

1.C

2.4 m/s

任务四

【做一做】

(1)增大、增大。

(2)瓶塞气嘴口径的大小。

(3)橡皮塞插入瓶口的深度加深,其实是增大了橡皮塞与瓶口的压力,从而增大了橡皮塞与瓶口的摩擦力,使橡皮塞不容易压出。

# 项目九 家庭电路设计经验谈

◆问题◆

家是宁静的港湾,春风和煦,波澜不惊;家是如伞的大树,遮挡酷夏的骄阳;家是清凉的雨丝,拂去疲惫的征尘;家是永远的牵挂,珍藏幸福的存根;家是每个人最熟悉的地方。因此,在我们住进新家前,应该先要对新家进行装修,把它打造得温馨舒适。那装修中的家庭电路如何设计才更加科学合理呢?

## 【任务一】 认识家装开关

### 1.单控开关

单控开关又称单刀单掷开关,有两个接线柱,分别接进线和出线。在开关开启或闭合时,存在接通或断开两种状态,从而使电路变成通路或者断路,使用最普遍,如图9-1所示。

图9-1 单控开关

### 2.双控开关

双控开关又称单刀双掷开关,有三个接线柱("$L_1$、$L_2$、$L_3$"),一个进线接线柱(通常在接线柱处有"$L_1$"字样)和两个出线接线柱,实物图如图9-2所示,原理图如图9-3所示。例如,双控开关可用在楼梯口、大厅、床头等两个不同位置,以控制同一盏灯。

### 3.多控开关

多控开关又称双刀双掷开关,是两个单刀双掷开关的组合,有六个接线柱,实物图如图9-4所示,原理图如图9-5所示。实物图上标有"$L_1$、$L_2$、$L_3$"字样,六个接线柱具体分两组"$L_{1A}$、$L_{2A}$、$L_{3A}$"和"$L_{1B}$、$L_{2B}$、$L_{3B}$"。多控开关要与双控开关组合使用,可用在门厅、通道、楼梯

图9-2
双控开关实物图

图9-3
双控开关原理图

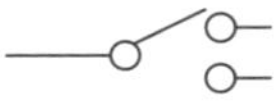

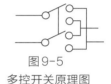
图9-4
多控开关实物图

图9-5
多控开关原理图

口等三个及三个以上的不同位置,以控制同一盏灯。

### 4.夜光开关

开关面板上带有荧光或微光指示灯,便于夜间寻找位置。夜光开关相对一般开关较贵,与日光灯、吸顶灯配合使用时,会有灯光闪烁现象。

### 5.调光开关

通过旋转开关旋钮调节灯光强弱,不能与节能灯配合使用。例如,可作为电风扇的开关,通过旋转开关旋钮可调节电风扇的风速大小。

### 6.空气开关

空气开关又名空气断路器。在正常情况下,过电流脱扣器的衔铁是释放着的,一旦发生严重过载或短路故障,与主电路串联的线圈就将产生较强的电磁吸力把衔铁往下吸引而顶开锁钩,使主触点断开。欠压脱扣器的工作原理恰恰相反,在电压正常时,电磁吸力吸住衔铁,主触点闭合,一旦电压严重下降或断电,衔铁就被释放而使主触点断开。当电源电压恢复正常时,必须重新合闸后才能工作,实现了失压保护。

### 7.漏电保护开关

在一个铁芯上有主副两个绕组,主绕组上也有两个绕组,分别为输入电流绕组和输出电流绕组。无漏电时,输入电流和输出电流相等,铁芯上磁通量为零,副绕组上不会感应出电势,否则副绕组上就会形成感应电压,经放大器推动执行机构使开关跳闸。漏电保护开关主要是保护人身安全,一般动作值是 30 mA。

8.特殊开关

遥控开关、声光控开关、遥感开关等。

9.多位开关

多位开关又称双联、三联或二开、三开等。根据需要在一个面板安装有几个并列开关，各个开关控制各自的用电器，如图9-6所示为三联开关。有些面板上的开关可以拆卸，可以更换相同形状的开关或插座；有些面板上的开关类型已经固定，不能拆卸更换单独的开关，如图9-7所示。

图9-6 三联开关

图9-7 两个多控开关背面

**看一看**

你们家庭电路安装中，需要多少种开关？

**想一想**

漏电保护开关线圈绕制的要求及工作原理是什么？

# 【任务二】认识插座

1.二孔插座

二孔插座面板上有两个插孔，背面有两个接线柱，一个接火线，一个接零线。

2.三孔插座

三孔插座面板上有三个插孔，背面有三个接线柱，一个接火线，一个接零线，一个接地线。

3.多孔插座

一个面板上有超过三个插孔的插座。例如,比较常见的五孔插座,面板上由一个二孔插座和一个三孔插座组成,实物如图9-8所示,结构如图9-9所示。

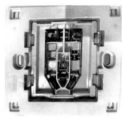

图9-8
五孔插座实物图

图9-9
五孔插座结构图

4.插座带开关

一个面板上有插座,又有开关,可以控制插座通断电,多用于常用的且尽量不常拔出插座的电器,如微波炉、电饭煲、洗衣机、镜前灯等。

5.信息插座

信息插座通常指电话、电脑、电视插座。因这类插座里含有相应信号模块,故价格较高。

6.宽频电视插座(5~1 000 MHz)

适应于个别小区高频有线电视信号。

7.TV—FM插座

功能与宽频电视插座一样,多出的调频广播功能用得很少。

8.串接式电视插座

电视插座面板后带一路或多路电视信号分配器。

9.多功能插座

可以兼容老式的圆脚插头、方脚插头以及USB充电等。

10.专用插座

英式方孔、欧式圆脚、美式电话、带接地插座等。

**看一看**

目前,市场上开关插座品种多样、价格各异,使消费者选购时无所适从,而开关插座不仅是一种家居装饰用品,更是安全用电的主要零部件,其产品质量、性能、材质对预防火灾、降低损耗都有至关重要的作用。那我们如何根据自己家庭的需要,选择合适的开关、插座呢?

**做一做**

下面各图是家庭开关和插座的接法,哪种接法是科学的?(     )

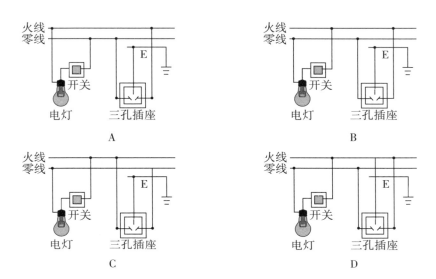

**想一想**

家庭插座该如何布置呢?

# 【任务三】 布置线路

全面了解装修房现有电器用电总量和后续添置家电设备的用电量,以及各电器安放的位置,从而设计线路进行布线。

## 一、布线流程

### 1.定位

根据家电的用途和位置摆放进行电路定位,规划好今后需添置的电器,插座可以适当多安一点,方便临时增加电器。

### 2.开槽

定位完成后,安装师傅根据定位和电路走向,开槽布线,线路槽要横平竖直。在墙体上建议不开长横槽,以免影响墙的承重能力。

3.布线

布线一般采用线管暗埋的方式。线管有冷弯管和PVC管两种,冷弯管可以弯曲而不断裂;若用PVC管,则在弯曲部分要用弯头。套管中的电线不能有扭曲、接头,这些均是为了方便今后更换导线时不用开墙。

## 二、布线规律

1.强弱电分开布线。强电和弱电不能交叉分布,更不能使用同一个接线盒。两个接线盒之间的间距必须大于150 mm。电话线、电视线、电脑线等弱电线,一般应从地下沿墙角走,若要与强电线并行布线,不得安装在同一根管道中,且它们管道的间距不得小于10 cm。

2.电线要穿在绝缘管内,电线总截面按规定不能超过套管截面的40%。一般情况下,当布线长度超过15 m或中间有3个弯曲转头时,在中间应该加装一个接线暗盒,用空白面板封闭暗盒。若设计了双控或多控,应在开关间布足导线。

3.如果确定了火线、零线、地线的颜色,那么任何时候,颜色都不能用混了,要不后期检修起来就会非常麻烦。

4.在插座处连接导线前后端时,应将导线焊牢或扭紧后插入插座孔(如图9-10所示),再拧紧螺丝。

5.若房间有吊顶,可在屋顶沿墙壁走线,便于检修。特别是卫生间、厨房不能在地面布强电线。考虑到厨卫的功能性比较强,地面防水很严格,地面开槽布线会影响到整个房间的防水功

图9-10 扭紧导线

能,还会造成安全隐患。其他房间要安装地板,通常导线布在地面,若是多组同时布置,各组间应安装卡子排以固定导线管,如图9-11所示。

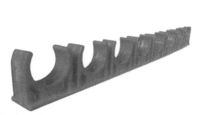

图9-11 布线与卡子排

6.分房间、分功能、分楼层从配电箱开始布线。在布线的时候,不仅要考虑现有的用电量,也要考虑到将来的用电量。

(1)分房间设置。客厅、门厅与卧室间通道的照明、插座可设置一组线路;主卧、客卧、书房的照明、插座可设置一或二组线路;厨房、饭厅的照明和部分插座可设置一组线路;卫生间的照明、取暖、抽气机各设置一组线路,插座单独设置一组线路,便于洗衣机、电热水器等使用。

(2)分功能设置。空调需要单独使用一组线路;冰箱需独立布线;电饭煲、微波炉、烤箱通常不同时使用,因此为节约成本,将大功率的烤箱插座单独布线,电饭煲、微波炉共同布一组线路,当两个用电器同时使用时,分别插在两组线的插座上。

(3)别墅的不同楼层要先设置楼层配电箱再分房间、分功能布线。

7.导线在接线盒内应有一定的余量,长度200 mm为宜。

8.许多居室都采用暗埋线路,后续装修如不清楚电路配置将会造成很大的影响,因此保留一份详尽的电路配置图,对于将来翻新和线路检修都是很有必要的。

**看一看**

开槽布线的线路槽是横平竖直,而不是斜线开槽,为什么?

**想一想**

你自己家里的装修管线布置合理吗?

#### 做一做

家庭安装的导线有铝线和铜线,那我们是用铝线好还是铜线好呢?

(1)电阻比较。同样长度和粗细的铝线和铜线,它们的电阻之比是多少?(设铝和铜在20 ℃时的电阻率分别为$2.9\times10^{-8}$ $\Omega\cdot m$和$1.7\times10^{-8}$ $\Omega\cdot m$)

(2)熔点比较。铝的熔点为660 ℃;铜的熔点为1083.4℃。

(3)比热容比较。铜的比热容为$0.39\times10^3$ $J/(kg\cdot℃)$,铝的比热容为$0.88\times10^3$ $J/(kg\cdot℃)$。比热容是热力学中常用的一个物理量,是单位质量的某种物质升高或下降单位温度所吸收或放出的热量。它表示物体吸热或散热能力,比热容越大,物体的吸热或散热能力越强。

(4)价格比较。目前,相同质量的铜比铝贵,可能因时间不同,其价格差也略有不同。

结论:_____

_____

#### 想一想

若在同一槽板(导线管)中有多根同一颜色的导线,如何在穿管时给导线做标记?

## 【任务四】 制作三控电路实物

随着人们生活质量的不断提高,住房面积也随之增大,而有些房间中也需要在三个地点控制一盏灯的亮或灭。

### 一、制作目的

制作三控电路实物。

### 二、制作原理

根据一开双控(单刀双掷)和一开多控开关(双刀双掷)的特点,按如图9-12所示的三控电路原理图制作实物。

### 三、制作器材

长约 1 200 mm、厚约 20 mm、宽约 250 mm（350 mm）的木板各一块，两个一开双控，一个一开多控，一个灯座，一个 6 W 的节能灯，一个插头，导线和槽板（导线管）若干。另需电锯、螺钉、螺丝刀、小锤和铅笔。

### 四、制作步骤

1.用螺丝刀和小锤将两块木板制作成"L"形，其中长约 1 200 mm、厚约 20 mm、宽约 250 mm 的木板视为房屋的天花板，长约 1 200 mm、厚约 20 mm、宽约 350 mm 的木板视为墙体。

2.根据如图 9-12 所示的三控电路原理图，在"L"形木板上规划好各器件的位置，用铅笔勾画出三个开关和灯座的位置，以及安装导线的槽板（导线管）的走向。

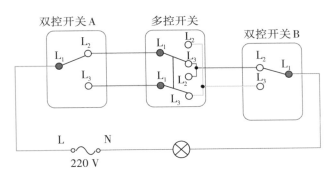

图 9-12 三控电路原理图

3.按照木板上勾画的位置图，用螺钉固定好三个开关、灯座和槽板（导线管）。

4.在槽板（导线管）中穿入导线，如能用颜色区分导线最好，不能用颜色区分的就在同一根导线两端做标记。

最后展示学生制作的三控电路成果，开展交流讨论。

### 试一试

你能制作一个四控电路吗？

# 【任务五】配电箱开关的设置

## 一、家庭电器的配置

1. 照明的各种灯。

2. 烹饪食物的电饭煲、微波炉、烤箱等。

3. 其他,如空调、洗衣机、电风扇、电热水器、电脑等。

## 二、电器购买注意点

购买家庭电器时,尽量买品牌电器,不能买"三无"电器。电器说明书的技术参数因电器种类不同,所列技术参数也不同,必须注意电器工作的频率、电压是否符合本地用电要求,要清楚耗电功率与家庭装修电线的搭配不会出现功率过载的问题。还要注意有些电器的大小、工作环境是否适合家里安放的位置等。

## 三、配电箱的开关

先根据家庭电器配置消耗的总功率,再根据布线的组数和各组电器消耗的功率,以及各组的特点,安装对应的空气开关和漏电保护开关(或空气漏电保护开关)。比如,一般家庭安装一个 63 A 的 2P 空气开关,插座组用 16 A 漏电开关,空调组根据功率大小选择 20~32 A 漏电开关,电热水器根据功率大小选择 32~40 A 漏电开关,厨房选用 32 A 或者 40 A 漏电开关。注意配电箱与信号源箱应间隔 30 cm 以上。

### 做一做

在空调行业,空调的"匹",指输入功率,1匹等于1马力。马力这个单位是由蒸汽机的改进者詹姆斯·瓦特提出的,表示他的蒸汽机相对于马匹拉力的功率,1马力等于在1秒内对75千克的物体提高1米做的功。那2匹的空调,其输入功率是多少呢?($g=9.8 \ m/s^2$)

### 想一想

图9-13是一台空调的铭牌。关于这台空调,下列说法正确的是(     )。

| 电源电压 | 220 V |
|---|---|
| 频率 | 50 Hz |
| 额定制冷功率 | 1 220 W |
| 额定制热功率 | 1 320 W |

图9-13

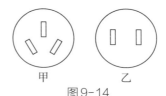

甲            乙

图9-14

A.若连续制冷半小时,空调消耗的电能为1.27 kW·h

B.空调要使用如图9-14乙所示的两孔插座

C.空调的插座所接保险丝的额定电流应等于或稍大于6 A

D.使用空调时是将其他形式的能转变为电能

### 试一试

了解微波炉、烤箱的工作原理,以及烘焙方式、使用方式的区别。

**【拓展资料】**

## 一、理解空气开关1P、1P+N、2P、3P、4P的含义

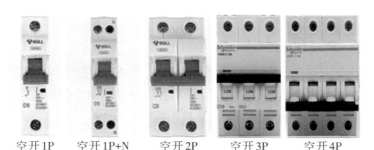

空开1P        空开1P+N        空开2P        空开3P        空开4P

图9-16 空气开关

空气开关简称"空开",常见的有如图9-15所示的几种。

1P:单极空开。只接火线不接零线,只断火线,不断零线,用于220 V的分支回路,占位1位。

1P+N：假双极空开。接火线和零线，其中 N 接零线，只有火线一极有热磁脱扣的功能，断开时只能断开火线，零线直通不断开，手动能断开火线和零线，占位 2 位。

2P：双极开关。接火线和零线，火线和零线两极均有热磁脱扣的功能，零线和火线都具有保护功能，用作 220 V 的总开，或者用于大功率的分支回路，如中央空调，占位 2 位。

3P：三相三线开关。接三根火线，不接零线，用于 380 V 的线路，占位 3 位。

4P：三相四线开关。接三根火线，一根零线，用于 380 V 的线路，占位 4 位。

## 二、家庭插座的初步规划

### 1.门厅
鞋子烘干插座等。

### 2.客厅
（1）电视墙部分：强电插座和弱电插座（网络线、电话线）。为电视、音响、路由器等留 5~6 个电源插座。这 5~6 个电源插座尽量安装 1 个总开关，方便对这些电器集中断电，减少不供电时拔插头的次数。插座的高低一般为 30~110 cm，电视插座可以在电视后面，其他插座可以比电视柜略高，也可以隐藏在电视柜下方。

（2）沙发旁插座、台灯插座、饮水机插座、手机充电插座、客厅电装饰插座、茶台插座等。

### 3.卧室
卧室床头柜两边各布置 1~2 个插座（可以是带开关的插座），供台灯使用。若卧室要安装电视，还要有电视插座、路由器插座、网络的弱电插座等。

### 4.书房
电脑主机、电脑显示器、音响、打印机等强电插座（这些插座可安装一个总开关）。台灯插座、手机充电插座设计在电脑桌旁，电脑桌旁还要安装网络的弱电插座。另根据书房的大小及家人读书习惯，可设置两个台灯插座。

### 5.厨房
抽油烟机、微波炉、电磁炉、电烤箱、电饭煲、电高压锅、净水器等插座，如果是经常用的电器（如电饭煲），最好为其配置带开关的插座，以免经常插拔插头，损坏插座。

### 6.卫生间
洗衣机、梳妆台、排气扇等的插座。

7.阳台

阳台两边可各安装一个插座,可供洗衣机用,也可作为春节临时挂彩灯的电源插座。

8.其他

智能设备,如智能电动式窗帘。大家可以根据自己的计划,为这些设备预留一些开关插座。

## 评价表

| 维度 | 评价内容 | 自我评价 | 同学评价 | 师长评价 |
|---|---|---|---|---|
| 物理观念 | 1.能认识生活中常见的电器。 | ☆☆☆ | ☆☆☆ | ☆☆☆ |
| | 2.能理解多控电路。 | ☆☆☆ | ☆☆☆ | ☆☆☆ |
| 科学思维 | 1.能根据家装电器情况,估算家装电器的总功率。 | ☆☆☆ | ☆☆☆ | ☆☆☆ |
| | 2.能运用功、功率公式计算后,选择合适的电器。 | ☆☆☆ | ☆☆☆ | ☆☆☆ |
| 科学探究 | 1.对家庭电路设计进行实地制作和比较分析。 | ☆☆☆ | ☆☆☆ | ☆☆☆ |
| | 2.对比分析多种家装电路设计的优劣,探究房屋改装时如何优化电路设计。 | ☆☆☆ | ☆☆☆ | ☆☆☆ |
| 科学态度与责任 | 1.能积极参加小组活动,主动交流,合作完成项目任务,和他人分享物理学习的乐趣与物理之美。 | ☆☆☆ | ☆☆☆ | ☆☆☆ |
| | 2.能认识科学探索中理论与实验研究的重要性,善于创新地运用新方法、新途径去解决项目学习过程中遇到的新问题。 | ☆☆☆ | ☆☆☆ | ☆☆☆ |
| 项目学习反思 | | | | |

## 参考答案

### 任务一

【想一想】

漏电保护器的主要部件是个磁环感应器,火线和零线采用并列绕法在磁环上缠绕几圈,同时在磁环上还有一个次级线圈。当同一相的火线和零线正常工作时,电流产生的磁通正好抵消,次级线圈不会感应出电压。如果某一线有漏电或未接零线,在磁环中通过火线和零线的电流就会不平衡,从而产生穿过磁环的磁通,次级线圈就会感应出电压,再通过电磁铁使脱扣器跳闸。

### 任务二

【做一做】

B

### 任务三

【做一做】

由 $R = \rho \dfrac{L}{S}$ 得铝与铜导线的电阻之比为 $29:17$。

结论:家庭安装的导线通常用铜线。

【想一想】

可以在导线两端用小刀削出记号或在同一导线两端缠上相同颜色的胶布等。

### 任务五

【做一做】

1马力对应的功率 $P = \dfrac{W}{t} = \dfrac{mgh}{t} = \dfrac{75 \times 9.8 \times 1}{1}\text{W} = 735\text{ W}$;

2马力的空调,输入功率为 $2 \times 735 = 1\,470\text{ W}$。

【想一想】

C

【试一试】

1.工作原理,微波炉是用微波来煮饭烧菜的,烤箱是利用加热管的热辐射来加热的。

2.烘焙方式,微波是由内到外加热,烤箱是由外到内。

3.使用方式上,微波炉主要用来快速加热食物,而烤箱加热食物慢,更耗电。